ペリ環状反応

第三の有機反応機構

I.フレミング 著

鈴木啓介
千田憲孝 訳

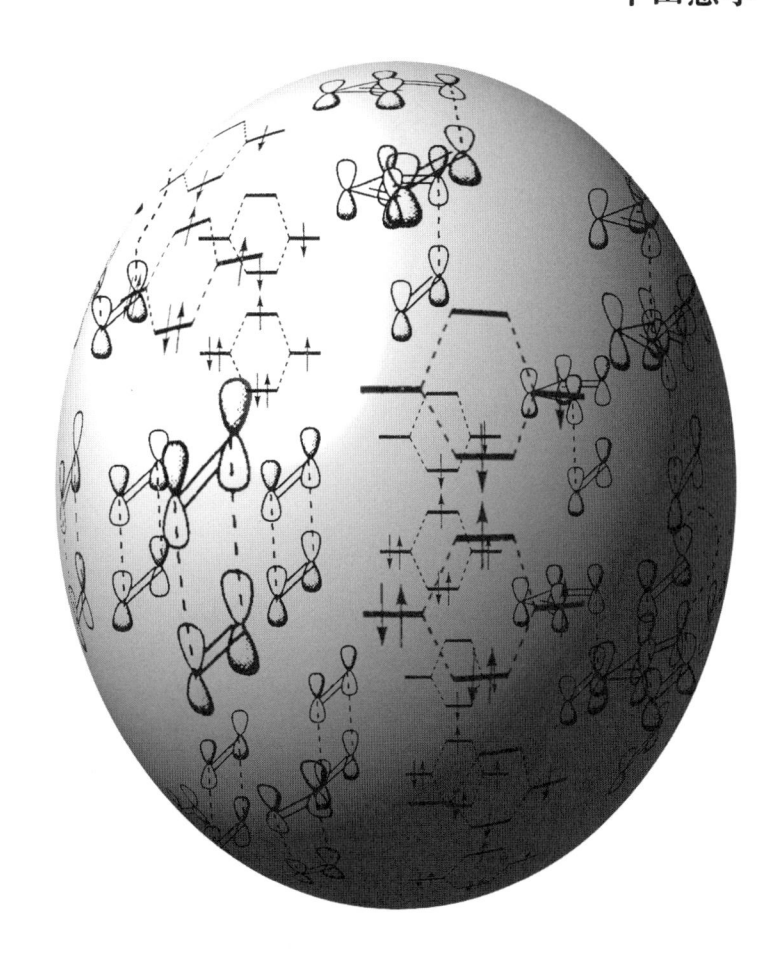

化学同人

Pericyclic Reactions

Ian Fleming
Professor of Organic Chemistry at the University of Cambridge

©Ian Fleming 1999

"Pericyclic Reactions" was originally published in English in 1999. This translation is published by arrangement with Oxford University Press. Kagaku-Dojin Publishing Co., Inc. is solely responsible for this translation from the original work and Oxford University Press shall have no liability for any errors, omissions or inaccuracies or ambiguities in such translation or for any losses caused by reliance thereon.

本書は，1999年に英語で出版された原著"Pericyclic Reactions"をOxford University Pressとの契約に基づいて翻訳出版したものです．原著からの翻訳に関しては化学同人がすべての責任を負い，Oxford University Pressは翻訳のいかなる誤り，省略，不正確さ，曖昧さ，およびそれらに起因するいかなる損失に関しても責任を負いません．

本書に寄せて

　イオン反応，ラジカル反応，ペリ環状反応は三大有機反応群を構成している．有機化学者なら誰でもこれらの反応類型をよく把握しておかなくてはならないし，それらの反応の機構とともに，それを有機合成へ応用するにはどのような要素が必要かを知っていなくてはならない．

　Ian Fleming は，本書で読者諸兄を，ペリ環状反応の単純な性質から，それらの反応が示す立体化学の独特な用語法の説明に至る，一連の物語の世界に誘ってくれる．1章ではペリ環状反応が紹介され，それらが4種類に分類されている．2章では，これらのうちで最も重要な環化付加反応を取りあげ，その展望，反応性，および立体化学が論じられている．本書の核心部ともいうべき3章では，分子軌道論を用い，しかし数式を使うことなく，これらの諸要素に説明が加えられている．またこの章では，あらゆる種類のペリ環状反応の立体化学の予測を可能にする二つの Woodward−Hoffmann 則が紹介されている．その一つのルールは熱反応に関するものであり，もう一つは光反応に関するものである．残りの章では，この理論的な枠組みを用い，これらのルールが他の3種類のペリ環状反応，すなわち電子環状反応，シグマトロピー転位，そしてグループ移動反応にどのように適用されるかを示している．本書の最後まで読み通したころには，読者諸兄は，ある反応がペリ環状反応であるかどうかを見抜き，またそうである時には確信をもってそれが許容の過程か否か，そしてその立体化学はどのようであるかを予測できるようになっているに違いない．

　Ian Fleming による本書は，この Oxford Chemistry Primers シリーズの第36巻，Tony Kirby による "Stereoelectronic Effect"〔邦訳：鈴木啓介訳，『立体電子効果』，化学同人(1999)〕を補うものであり，初学者にとっても専門家にとっても興味深い内容である．

Stephen G. Davies
The Dyson Perrins Laboratory, University of Oxford

Series sponsor
ZENECA

The authors, series editors and publishers wish to thank ZENECA Ltd for their generous sponsorship in the development of the Oxford Chemistry Primers Series.

まえがき

　ペリ環状反応の化学が誕生して以来，すでに30年あまりが経過しているので，その歴史自体はもはや興味の中心ではなくなっている．しかし，本文中では，ただ単にこの問題がどのように発展してきたかを述べただけなので，ここで歴史的な観点に立った記述をしておきたい．

　1950年代の終わりごろまでに，イオン反応，ラジカル反応について，おもだったところは比較的よく理解されていた．しかし，当時，ペリ環状反応については，これが一つの反応型式を構成するかどうかすら明らかではなく，Diels–Alder反応やその他多くの反応が個別に知られていただけであった．これらの反応において結合がどこへ動いていくかを曲がった矢印で示していたが，矢印の方向性に理屈がないことが不安の種であった．1960年代初頭にDoeringはこれらの反応を"no-mechanism reactions"と呼んだ．当時すでに，こうした反応はたくさん知られていたものの，とにかく理解できないので，しばしば当惑のもととなっていた．というのは，これらの反応がすべての常識に反していたからである．たとえば，ジエンがアルケンに付加するにもかかわらず，なぜアルケンは容易に二量化してシクロブタンを生じないのだろうか．こうした反応自体は発熱過程であるにもかかわらず，ほとんど起こらないのはなぜだろう．これに対して，求電子剤の存在下でアセチレンとアレンとを反応させると，四員環生成物が生じる．どうして，この違いがでてくるのだろうか．また，cis-3,4-ジメチルシクロブテンは開環反応を起こして，なぜ熱力学的により不安定なcis, $trans$-ブタジエンを生成するのだろうか．カルシフェロールがC-9からC-18へ（ステロイド命名による位置番号；反応はトリエンにまたがった7原子分の移動である）容易に水素移動を起こすのに対し，こうした反応がもっと簡単に起こってもよさそうな，ほとんどのトリエン（たとえばシクロヘプタトリエン）については，そうはならないのはなぜだろうか．さらに，ペンタジエニルカチオンがそのC-1とC-5の間で環化するのはどうしてだろうか．これらの炭素原子中心は部分的に正電荷を帯びているので，互いに反発しあってもよさそうなのにもかかわらず……．

　当時の有機化学者のほとんどは，これらの問題に気づいていなかった．また，これを認識していた人ですら，いったいこうした問題が他にどれだけあるか，

また，それらの間にどれだけ類似性があるかについては認識がなかった．しかし，こうした事情が変化したのは1963年の秋のことであった．当時，R. B. WoodwardはビタミンB_{12}の合成研究の途上，説明し難い，熱力学に反するように思われる立体化学の問題に遭遇していた．現在では，それはヘキサトリエンの逆旋型の電子環状閉環反応であると位置づけられている．上述の諸問題も彼の頭の中にあったし，また，自身が直面した問題も含め，彼は一定の法則性を見いだし，そしてこれらの散漫な観察事実に対する解釈を分子軌道法の中に見いだそうとしたのであった．彼はR. Hoffmannと協力して，1965年からさまざまなペリ環状反応の立体化学を支配するルールを紹介したのである．さらにAbrahamsonとLonguet-Higginsの重要な貢献にも支えられ，彼は分子軌道の対称性に基づいた相関図を使い，これらの問題をすべて説明できることを示したのである．その後1969年に至り，彼らは"ペリ環状"という用語を導入し，すべてのルールが本書で述べた一対のルールに包含できることを示した．

　それは刺激に満ちた日々であった．自然の摂理が解明され，その説明が続き，予測が立てられ，それが的中するのである．筆者は，Ranganathanが最初にビタミンB_{12}の結果を見いだした現場に居合わせたし，またWoodwardが研究室のミーティングの席上，上記の諸問題を議論しているのも耳にした．この序文の最後を，筆者のきわめて個人的な思い出で締めくくりたい．それは1964年春のある晩遅くの，私の実験台においてであった．Woodwardがブタジエンの4原子とヘキサトリエンの6原子にp軌道を描き，私たちが現在HOMOと呼んでいるものになるように電子をつめ，Ranganathanの得た結果から導きだされる反応形式と関連づけながら，私に向かってこういったのである．「これには分子軌道が関与しているに違いない」．この仮説に端を発し，緊密な6年間のうちにこの題材は学問的に成熟していったのである．本書にはこのような題材が密につめこんであるが，筆者の願いは，こうして明らかにされ，有機化学の基礎的な要素となった美しい規則性が，読者諸兄にうまく伝わってほしい，ということである．

　　　1998年6月，ケンブリッジにて

　　　　　　　　　　　　　　　　　　　　　　　　　　　　　Ian Fleming

訳者まえがき

　多種多様な有機化学反応は，一見，脈絡なく思えるが，先人たちの研究は，これらが概してイオン反応あるいはラジカル反応という二つの反応型式に分類，整理できることを明らかにしてきた．しかし，それと同時にこの二つのカテゴリーに分類されることを拒む"不思議"な反応があることも明らかになってきた．すなわち，おもに共役した不飽和結合を含む系において，複数の箇所で結合の生成／切断が一挙に起こる反応である．時には環状の化合物が生成し，かつ高い立体選択性が見られる．しかし，1965年以前に多くの化学者を当惑させたのは，類似の系でも不飽和結合の数が異なると，別のタイプの生成物を与えたり，または，まったく反応しなかったりすることであった．R. B. Woodward, R. Hoffmann, 福井謙一らの研究によって，このイオン反応でもラジカル反応でもない「第三の有機反応機構」が「ペリ環状反応」として定義され，そこでは分子軌道が決定的な役割を果たしていることが明らかにされた．ここから導きだされたWoodward–Hoffmann則，フロンティア軌道理論は大きな成功をおさめ(1981年ノーベル化学賞)，ペリ環状反応が，きわめて簡単な規則のもと，しかしきわめて厳密に進行する新しい反応機構をもつことが示された．

　本書の著者である碩学Ian Fleming博士は，Woodward–Hoffmann則が新たな理論として熟成されていく現場に立ち会っており，この理論を初学者にもわかりやすく紹介すべく，特別な思い入れをもって本書を著している．同博士は，ペリ環状反応を分類した後，まず分子軌道の対称性保存を相関図を用いて説明している．ついで，そこから導かれた一般則，すなわち「基底状態でのペリ環状反応が許容となるのは，$(4q+2)_s$と$(4r)_a$反応成分の総数が奇数の場合である」を全般にわたって適用し，時にはフロンティア軌道論もちりばめながら，ペリ環状反応の全貌を簡潔にまとめている．数多くの実例を用いて，直截的，かつ明解に解説されているので，Woodward–Hoffmann則とペリ環状反応の本質を理解するうえできわめて有効であろう．なお，「本書に寄せて」にもあるように，A. J. Kirby博士による"Stereoelectronic Effect"〔邦訳：鈴木啓介訳，『立体電子効果』，化学同人(1999)〕と本書をともに読むことにより有機反応全体に対する理解が深まるものと期待している．すなわち，三次元的な広がりをもった分子軌道の相互作用を考えることで，一見複雑に見える有機反応が立体選択性

を含めて，実はごく単純な規則によって説明できることが見えてくるだろう，という期待である．

　本書の訳出にあたり，訳者らはさまざまな議論を通して内容の理解，日本語の吟味に努めたが，原書の明解さや味わいが失われてしまっていること，また浅学非才ゆえに，誤った記述等が多々あることを恐れる．また，本書では比較的高度な専門用語，概念が突然登場することがあるが，訳注は必要最少限にとどめた．これは原書の格調をそのまま伝えたいと考えたためである．忌憚のないご意見，ご批判を賜りたい．

　本書を作成するにあたって，乱筆の原稿を"解読"し，入力をしてくれた福田恭子氏に感謝します．また，注意深く校正刷をお読みいただき，数々の貴重なご意見を賜った長村吉洋教授(立教大学)，羽村季之氏(東京工業大学)，里 和彦氏(東京工業大学)に感謝します．原稿作成にお骨折りいただいた化学同人編集部の平林 央氏，稲見國男氏，加藤貴広氏にお礼申し上げます．

2002年5月

鈴木　啓介
千田　憲孝

目　次

1章　ペリ環状反応とは ― 1
- 1.1　イオン反応，ラジカル反応，そしてペリ環状反応 …… *1*
- 1.2　4種類のペリ環状反応 …… *3*
- 1.3　環化付加反応 …… *4*
- 1.4　電子環状反応 …… *6*
- 1.5　シグマトロピー転位 …… *6*
- 1.6　グループ移動反応 …… *8*
- 【より深く学ぶための参考書】 …… *9*
- 【問　題】 …… *9*

2章　環化付加反応 ― 11
- 2.1　Diels–Alder 反応 …… *11*
- 2.2　1,3-双極環化付加反応 …… *15*
- 2.3　カチオンやアニオンの[4+2]環化付加反応 …… *19*
- 2.4　6個以上の電子が関与する環化付加反応 …… *22*
- 2.5　許容反応と禁制反応 …… *24*
- 2.6　光化学的環化付加反応 …… *25*
- 2.7　環化付加反応の立体化学 …… *26*
- 2.8　環化付加反応の位置選択性 …… *33*
- 2.9　分子内環化付加反応 …… *36*
- 2.10　環化付加反応がすべてペリ環状型というわけではない …… *37*
- 2.11　キレトロピー反応 …… *41*
- 【より深く学ぶための参考書】 …… *42*
- 【問　題】 …… *43*

3章　Woodward–Hoffmann 則と分子軌道 ―― 47

- 3.1　結合の形成と解裂の協奏性に関する証拠 …… 47
- 3.2　芳香族型の遷移状態 …… 49
- 3.3　フロンティア軌道 …… 50
- 3.4　相関図 …… 52
- 3.5　Woodward–Hoffmann 則の環化付加反応への適用 …… 60
- 3.6　いくつかの例外的な[2+2]環化付加反応 …… 68
- 3.7　二次的効果 …… 73
- 【より深く学ぶための参考書】…… 83
- 【問題】…… 84

4章　電子環状反応 ―― 87

- 4.1　中性のポリエン …… 87
- 4.2　共役系イオン …… 88
- 4.3　立体化学 …… 91
- 4.4　Woodward–Hoffmann 則の熱的な電子環状反応への適用 …… 93
- 4.5　光化学的電子環状反応 …… 103
- 【より深く学ぶための参考書】…… 105
- 【問題】…… 105

5章　シグマトロピー転位 ―― 109

- 5.1　[1,n]転位：スプラ面型とアンタラ面型 …… 109
- 5.2　[m,n]転位 …… 119
- 【より深く学ぶための参考書】…… 126
- 【問題】…… 126

6章　グループ移動反応 ── 129

6.1　ジイミド還元およびその関連反応 …………………………… *129*

6.2　エン反応 ……………………………………………………… *130*

6.3　逆エン反応と他の熱的な脱離反応 …………………………… *133*

【より深く学ぶための参考書】 …………………………………… *134*

【問　題】 ………………………………………………………… *135*

【総合問題】 ……………………………………………………… *135*

問題の解答 ── 137

索　引 ── 141

1 ペリ環状反応とは

1.1 イオン反応,ラジカル反応,そしてペリ環状反応

　有機反応は,おおまかにイオン反応(ionic reaction),ラジカル反応(radical reaction),およびペリ環状反応(pericyclic reaction)の3種類に分類される.イオン反応では,電子対の移動が一方向へ起こる.第三級ハロゲン化アルキルのイオン化のように,一分子的に炭素-ハロゲン結合の切断が起こる反応では,結合電子は2個とも塩化物イオンのほうに

切断される結合
σ結合を形成している2個の電子は,ともに一方の反応成分に移動する.

新たに形成される結合
このσ結合の2個の電子は,ともに求核剤より供給される.

移動し,後に電子欠乏性のカルボカチオンが残される.二分子的なイオン反応では,新たに生じる結合のために一方の分子〔求核剤(nucleophile)〕が2個の電子(電子対)を供給し,他方の分子〔求電子剤(electrophile)〕はそれを受け取る.その例としては,アセトンから生じたエノラートとアセトン自身とのアルドール反応(aldol reaction)があ

"曲がった矢印"は,イオン的な化学反応において,二つの役割を果たしている.その一つは,電子対がどこからどこへ移動するか,ということである.矢印の向きによって,どちらの反応成分が求核的で,どちらの反応成分が求電子的であるかが示される.もう一つは,どの結合が切断され,どこに新しい結合が形成されるか,ということである.矢印の尾部が位置する結合は切断されることになり,また矢印の先端が二つの原子の間に位置していれば,その二つの原子の間に新たな結合が形成される.

る．こうしたイオン反応は，数ある有機反応の多くの部分を占めている．

ラジカル反応は，電子対の動きではなく，電子1個ずつの移動からなっている．塩素分子の光解裂(photolytic cleavage)のような一分子反応では，2個の結合電子のうち，1個は一方の原子に，もう1個は他方の原子に動く．二分子的な反応では，片方の分子の1個の電子と他方の分子の1個の電子とが対をつくることにより，新たな結合が形成される．一

> "釣り針形矢印"は電子がどこからどこへ移動するか，またどの結合が切れて，どこに新しい結合ができるかを示すという点で，曲がった矢印と同じ意味をもつ．しかし，新しい結合にはそれぞれの分子(反応成分)から1個ずつの電子が等しく供給されるので，どちらの分子が求核的で，どちらの分子が求電子的であるかを示すことはできない．

切断される結合
σ結合を形成している2個の電子のうち1個は左の原子へ，もう1個は右の原子へ移動する．

新たに形成される結合
このσ結合の2個の電子は両方の反応成分から等しく1個ずつ供給される．

例として，塩素原子によってトルエンの水素原子が引き抜かれ，ベンジルラジカルと塩化水素が生成する反応を見てみよう．このような反応を表現するには，釣り針形矢印(fishhook arrow)を用いる．ラジカル反応の簡便な表し方として，釣り針形矢印の一方だけを描くことがある．この場合，それぞれの矢印には結合の形成や切断において対をつくっていた電子がもう1個存在しているということが暗黙の了解事項となる．しかし，本書では，この矢印を省略せずに全部描くことにする．その意図は，Cl–Cl結合の切断において2個の電子が対称的に離れていくことや，H–Cl結合の形成のためにそれぞれの原子から等しく1個ずつの電子が提供されることを強調したいためである．電子対の動きに一定の方向性があり，結合形成に関与する2個の電子がもっぱら求核剤から提供されるイオン反応との違いを比較してほしい．

これらとはまったく別の，第三のカテゴリーの反応が，ペリ環状反応である．この反応は環状の遷移構造を経由し，中間体を形成することなく，結合の形成と切断がすべて協奏的に進むものである．その典型例としては，Diels–Alder反応やAlderの"エン"反応(ene reaction)がある．

曲がった矢印は，どちら向きにも描くことができる．次ページの図のように時計回りでもよいし，矢印の位置は同じで向きだけが反対の反時計

Diels–Alder 反応　　　　　　Alder のエン反応

ペリ環状反応における"曲がった矢印"は，どの結合が切れてどこに新しい結合ができたかを示すという点で，イオン反応での曲がった矢印と同じ機能を果たす．しかし，ペリ環状反応の曲がった矢印は"電子の流れ"の方向を示しているわけではない(左の図で矢印が時計回りでも反時計回りでも同じ結果を与えることに注意せよ)．

回りでもよい．釣り針形の矢印を使ってすらよく，それでもまったく同じ反応を表している．電子の流れの方向には，絶対的な意味はない．同様に，エン反応において，水素が一つの炭素から別の炭素に移る際に，上に描いた矢印が示すようなヒドリドの移動(hydride shift)なのか，あるいはこの矢印を逆向きに描いた時に示唆されるプロトンの移動(proton shift)なのか，を区別しても意味がないのである．いいかえれば，どちらの反応成分も新しく形成される結合に対して電子を全面的に供給するのではない．したがって，ペリ環状反応での曲がった矢印は，イオン反応の場合とはやや意味が異なっている．

あえていえば，ベンゼンの共鳴を表す時に使う曲がった矢印に似ているかもしれない．すなわち，これらの矢印は別の極限構造式(canonical structure)を描く場合に，結合を新たに描く所と消す所を示している．この場合，矢印は電子の流れの方向や実際の動きを示しているものではない．ベンゼンの共鳴と Diels–Alder 反応における電子の動きには類似点がある．とはいうものの，明らかな違いは，後者は出発物質と生成物のある，化学反応であるのに対し，前者の共鳴はそうではないという点にある．

両矢印(↔)は共鳴における極限構造の関係を示す時だけに使われる．平衡関係にある二つの分子の関係を示す時は二つの矢印(⇌)を使う．

1.2　4 種類のペリ環状反応

すべてのペリ環状反応には共通点がある．それは環状の遷移構造を経由し，反応に関与する電子が一斉に動くことによって結合の切断と形成が同時期に起こることである．いろいろなペリ環状反応をこの共通点でくくったうえで，それらを次の4種類に分類すると便利である．すなわち，**環化付加反応**(cycloaddition)，**電子環状反応**(electrocyclic reaction)，**シグマトロピー転位**(sigmatropic rearrangement)，**グループ移動反応**

4 種類のペリ環状反応
　環化付加反応
　電子環状反応
　シグマトロピー転位
　グループ移動反応

(group transfer reaction）の 4 種類である．それぞれの反応には，他とは異なる特有の性質があり，また用語法も独特なことがある．そこで，不適切な用語の使用と混乱を避けるために，いま 4 種類の反応のうちどれを取りあげているのかを，常に明示したほうがよい．この章では，それぞれの反応を特徴づける性質について説明することにする．

最も例が多い環化付加反応については，2 章で取り扱う．環化付加反応のさまざまな側面，すなわちその種類，立体化学，非対称な出発物質を用いた場合の位置選択性，また，そもそもその環化付加反応が起こるか否か，などについてである．3 章では，ペリ環状反応の理論的な裏づけについて述べる．その後，4 章から 6 章にかけては，残りの 3 種類のペリ環状反応を紹介する．この時点までには，それらの反応を議論するための論理的枠組みが用意できているはずである．ここでは，まずそれらの反応を概観し，分類してみよう．

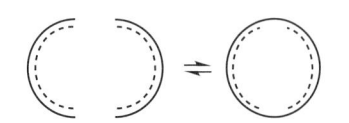

1.3 環化付加反応

環化付加反応とは，二つの反応成分が接近し，それぞれの反応成分の両端で二つの新たな σ 結合ができ，環が形成される反応である．それと同時に，各反応成分の共役系の長さが短くなる．環化付加反応は，ペリ環状反応の中でも最も例が多く，多彩な側面をもち，また有用なものである．

前記の Diels–Alder 反応は，6 電子の移動をともなう．シクロペンタジエン **1.1** の二量化も Diels–Alder 反応の一例であるが，これは，この反応が本質的に可逆的であることを示している．すなわち，この二量体 **1.2** を熱分解すると，**1.1** が再生される．これは逆環化付加反応〔レトロ環化付加反応(retro-cycloaddition)〕または環状脱離反応(cycloreversion)と呼ばれる．

1.1　**1.1**　　**1.2**

1,3-双極環化付加反応(1,3-dipolar cycloaddition)は，もう一つの重要な反応群である．オゾンとアルケンとの一連の興味深い反応は，その

訳者注　通常，cycloaddition とは Diels–Alder 反応のように，二つの反応成分が環状の遷移状態を経て付加し，環が形成される反応である．その訳は「環化付加反応」(『文部科学省学術用語集』)であり，本書でもこれを採用した．しかし，原書では時として下図のように片方の反応成分(A−B)の σ 結合が同様な反応を起こした時(この場合，結果的に環は生じない)にも，cycloaddition と表現している．

たとえば，アルケンのヒドロホウ素化反応(71 ページ，**3.42**)を見よ．こ

一例である．すなわち，まず，−78 ℃ でオゾンはアルケンに付加し（**1.3** の矢印を見よ），モルオゾニド **1.4** を生じる．温度を上昇させると，**1.4** に示す矢印のような 1,3-双極環状脱離が起こり，さらに **1.5** と **1.6** が新たな 1,3-双極環化付加反応（下段の **1.5** と **1.6** の位置関係が上段とは異なっていることに注意）を起こし，オゾニド **1.7** が生じる．通常，オゾン分解ではこの生成物だけが単離される．

のような場合には，cycloaddition を「環状付加反応」と訳すこととした．

オゾン分解（ozonolysis）における Criegee 機構：三つの連続的な 1,3-双極型の反応（環化付加反応，環状脱離反応，新たな環化付加反応）が室温以下で連続的に起こり，オゾニド **1.7** が生じる．

キレトロピー反応（cheletropic reaction）は，環化付加反応またはその逆反応である環状脱離反応の特殊な例であり，二つの σ 結合の形成と切断とが**同一**の原子上で起こる．たとえば，二酸化硫黄はブタジエンに付加して，付加物 **1.8** を生じる．硫黄は孤立電子対を提供し一方の σ 結合を形成させ，同時に電子対を受け入れて，もう一つの σ 結合を形成する．加熱すると，簡単に逆反応が起こるので，二酸化硫黄はジエンの保護に用いられる．付加体 **1.8** を親ジエン体〔ジエノフィル（dienophile）〕の存在下で加熱するとブタジエンが発生し，系内で Diels-Alder 反応を起こす．したがって，この **1.8** は液体状のブタジエン源として有用である（ブタジエンの沸点は常圧下 −44 ℃ である）．

キレトロピー反応における特徴的な環化付加反応とその逆反応

1.4 電子環状反応

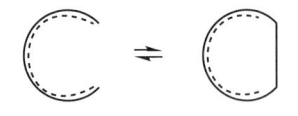

前述の環化付加反応が二つの反応成分が近づいて二つの σ 結合が形成される反応であったのに対し,電子環状反応は必ず一分子的な反応である.その特徴は,鎖状の共役系からそれぞれの端同士の間に一つの σ 結合が形成され,それにともなって共役系は両端の p 軌道の分だけ短くなり,環が形成されるという点にある.

この種の反応の典型例としては,シクロブテン **1.9** が加熱条件下で開環してブタジエン **1.10** を生じる反応や,ヘキサトリエン **1.11** の閉環によりシクロヘキサジエン **1.12** が生成する反応などがある.こうした反応は本質的に可逆的であり,どちら向きに反応が進行しやすいかは熱力学的な要因によって決まることに注意すべきである.一つの π 結合が失われる代わりに二つの σ 結合が形成されるという点で,電子環状反応は,環の形成の方向に進むことが多いが,環構造にひずみがある場合には,開環の方向に反応が進むこともある.

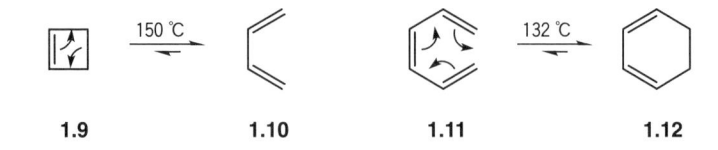

電子環状反応における開環反応および閉環反応の例

1.9 150 ℃ **1.10**   **1.11** 132 ℃ **1.12**

1.5 シグマトロピー転位

この種の反応は,最もそれと認識しにくいことが多いものである.一分子的異性化反応(unimolecular isomerization)であり,全体として,ある σ 結合が他の位置に動き,共役系が新たな結合を形成しては残された空隙を埋めるように,次つぎと移動することから成り立っている.これまでに知られた最も古い反応例 **1.13** → **1.14** は,アリルフェニルエーテルを加熱したときに起きる Claisen 転位(Claisen rearrangement)の第一段階である.これがシグマトロピー反応と呼ばれるのは,出発物質 **1.13** の太線で示した単結合が,生成物 **1.14** では新たな位置に移動しているからである.実際には,炭素鎖をたどると 3 原子分(C-1 から C-3 へ),また酸素原子と二つの炭素の鎖の側についても 3 原子分(O-1' から C-3'

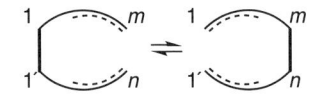

訳者注 本文にもあるように,シグマトロピーの原義は σ 結合が移動する(tropos;ギリシャ語で「移る」の意)であり,いわば反応機構を無視した形式的なものである.上図の場合,上下の共役系炭素鎖の C-1 位および C-1' 位の出発点にあった σ 結合が,C-m 位および C-n 位に"着地"しているので,[m,n]シグマトロピーという.

へ)の移動が起こっている．この種の転位反応を[3,3]移動([3,3]shift)と呼び，結合の移動が起こったそれぞれの鎖の末端までの原子数を示すように数字をつける．フェノール **1.15** の生成の第二段階はケトンのエノール化に相当し，これは普通のイオン反応である．このようにペリ環状反応の前後にイオン的な反応が付随し，しばしばこれがペリ環状反応の過程をわかりにくくすることがあることに注意しよう．

1.13   **1.14**   **1.15**   [3,3]シグマトロピー転位

1.16→**1.17** に示す水素移動反応は非常に奇異に思えるが，ビタミンDの化学で古くから知られている反応である．この場合，**1.16** において H-1' の水素がついている太線の結合の一端は，移動後も同じ水素についているが，もう一方の端は7原子(C-1 から C-7)の共役系を経て移動している．そこで，この反応は[1,7]移動と呼ばれる．

1.16   **1.17**   [1,7]シグマトロピー転位

さらに奇異に映る反応としては，**1.18** → **1.19** の Mislow 転位(Mislow rearrangement)がある．熱力学的には生成物のほうが不利なので，全体として，目に見える形で反応が進行しているようには見えないが，この平衡反応が容易に起きていることは，アリルスルホキシドが普通のスルホキシドと比べ，はるかにラセミ化しやすいという事実とよく一致している．ここでは，出発物質の太線の結合の一端は硫黄(S-1')から酸素(O-2')へと移動し，他端は C-1 から C-3 へと移動している．そこで，この

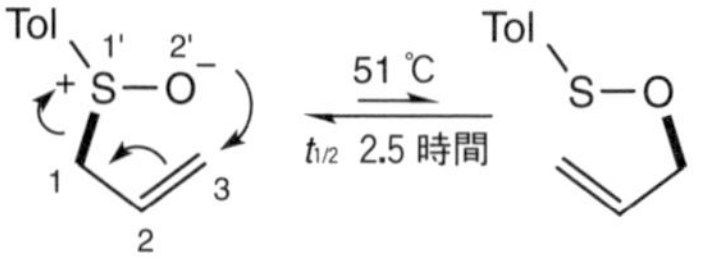

[2,3]シグマトロピー転位

反応は[2,3]移動と呼ばれる．太線の結合が一方の端では2原子分，もう一方の端では3原子分移動しているからである．

1.6 グループ移動反応

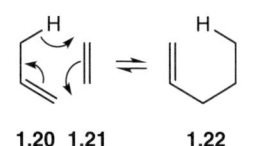

このカテゴリーの反応例はあまり多くないが，2～3ページに示したエン反応はその中でも最もよく見られるものである．エン反応とは，要するに **1.20** + **1.21** → **1.22** の形式の反応である．左から右に向けて反応が起こると，一つのπ結合が一つのσ結合に置き換えられるので，通常，熱力学的には正方向に有利であるが，それでも，もちろん可逆的な反応である．こうした反応はσ結合の移動が起こる点では[1,5]シグマトロピー転位に似ており，また，ジエンのπ結合のうちの一つが一つのσ結合で置き換えられる点では，Diels–Alder反応などの環化付加反応にも類似している．しかし，二分子反応であり，かつ環形成も起こらないので，これらの反応はシグマトロピー転位でも環化付加反応でもない．

エン反応では"エン" **1.20** から"親エン体"(enophile) **1.21** に水素が一つ移動するが，原則的には水素以外の原子であってもよい．水素以外でこの種の反応で移動する，原子としては，リチウム，マグネシウム，パラジウムなどの金属原子に事実上限られ，そうした反応 **1.23** を"メタラエン反応"(metalla-ene reaction)と呼ぶ．

メタラエン反応

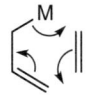

フラグメンテーション反応：これは逆グループ移動反応である．

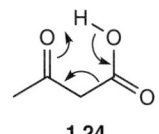

反応する分子鎖には，炭素の代わりに一つ以上の酸素原子や窒素原子が含まれていてもよい．たとえば，移動する水素原子が酸素原子に結合し，移動先も酸素原子であれば，アルドール反応となる．この種の反応は，通常，酸や塩基の触媒下で行われ，ペリ環状型の反応であることはまれである．しかし，おそらくβ-ケト酸 **1.24** の熱的な脱二酸化炭素反応はペリ環状的であると思われる．この反応では，一つのσ結合が一つのπ結合に置き換わっており，本質的に右から左へ向かって反応が進行する例の一つである．

訳者注 この"右から左へ向かって"という表現は，**1.24** を上述のエン反応の逆反応と見なした時に，という意味である．

この他によく知られているグループ移動反応としては，反応性中間体であるジイミド **1.25** が協奏的にアルケンやアルキンに二つの水素原子をシン(*syn*)形に供給する反応がある．この反応の駆動力は，安定な窒素分子の生成によるものである．

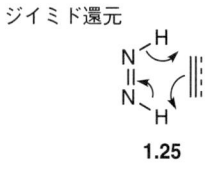

ジイミド還元

1.25

より深く学ぶための参考書

ほとんどの有機化学の教科書では，ペリ環状反応の紹介に1章を割いている．やや以前のものであるが，ペリ環状反応を特別に扱った教科書としては以下のものがある：T. L. Gilchrist and R. C. Storr, "Organic Reactions and Orbital Symmetry," 2nd Edn., CPU, Cambridge (1979); A. P. Marchand and R. E. Lehr, "Orbital Symmetry," Academic Press, New York (1972).

問題

1.1 以下のそれぞれの変換は，二つの連続したペリ環状反応の結果である．中間体 **A**〜**E** の構造を示し，各段階はペリ環状反応のどの種類に属するかを指摘せよ．

(a), (b), (c), (d) [反応スキーム]

2 環化付加反応

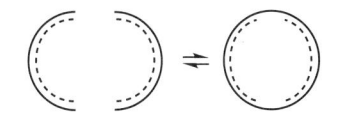

　環化付加反応は，数々のペリ環状反応の中で，最も有機合成に役立つものである．この章では，これまでに知られているさまざまな環化付加反応について，反応条件および位置選択性や立体選択性に注目しながら述べていく．また，これらの反応が起こるかどうかを判断するための，簡単なルールも紹介する．これらの反応の特徴を分子軌道に基づいて説明する方法については，次章で述べる．

2.1　Diels-Alder 反応

　環化付加反応のうちで最も重要なものは，Diels-Alder 反応である．これは，要するにブタジエン **2.1** とエチレン **2.2** とからシクロヘキセン **2.3** が生じる反応である．エチレン側の反応成分を親ジエン体 (dienophile) と呼ぶ．実際には，この反応はきわめて遅く，165 ℃，900 atm という厳しい条件で 17 時間反応させると，ようやく 78% の収率で生成物が得られるぐらいである．しかし，理由については後の 3 章で説

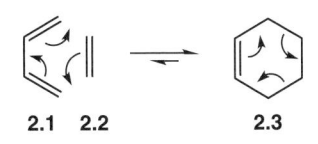

出発物質であるジエンの 4 炭素の共役系（四つの共役した p 軌道）は，生成物において二つの p 軌道に変化する．また，親ジエン体の共役系（二つの共役した p 軌道）は生成物においては消失している．

明するが，親ジエン体の側にカルボニル基，シアノ基，ニトロ基，スルホニル基などの電子求引性基(electron-withdrawing group)をつけて反応させることを勧めたい．たとえば，3 ページに示した無水マレイン酸の反応は，二つのカルボニル基があるので，20 ℃, 24 時間で定量的に進行する．カルボニル基があっても反応の本質には変わりはなく，起こる変化は図のように三つの π 結合上で曲がった矢印で表されるものである．すなわち，このカルボニル基は周辺の置換基として，反応の本質を変えずに，反応速度を変化させるのである．一方，ジエンの側についても，メチル基，アルコキシ基，アミノ基などの電子供与性基(electron-donating group)が結合すると，反応速度が増大する．図 2.1 と図 2.2 には，典型的な Diels–Alder 反応の反応時間と温度が示してある．これを見ると，すぐさま有機合成に利用したくなるものもあるし，さほどでもないものもあることがわかる．

一方，図 2.1 のさまざまな親ジエン体を見てみよう．たとえば，ブタジエンの二量化反応は，アクロレイン **2.4** との反応よりも遅いことがわかる．また，アクリル酸メチルとメチルビニルケトンは同程度の電子求引性を有する置換基 Z をもっており，似たような反応性を示すが，β 位にアルキル基をもつシクロヘキセノン **2.5** は，かなり反応性が劣っている．最も強力な電子求引性基の一つであるニトロ基をもつニトロエチレンは，たいへんに良好な親ジエン体である．メチレンマロン酸エステル **2.6** や

Z = COR, CN, NO₂, SO₂R など

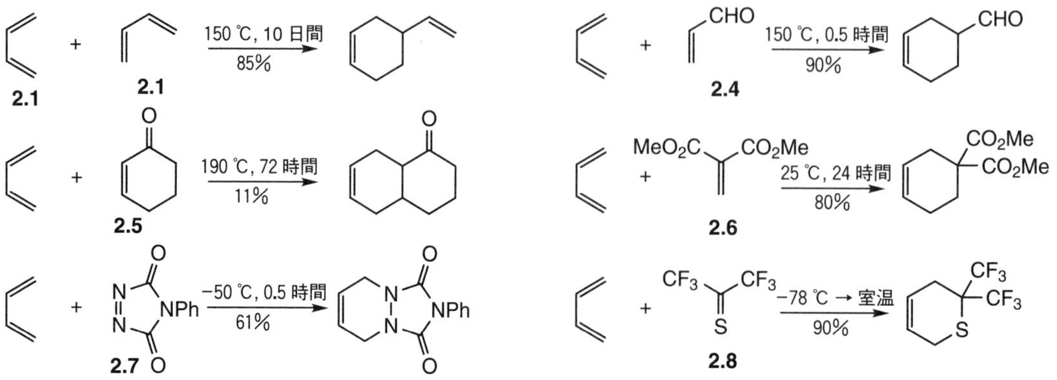

図 2.1

ベンゾキノン，あるいは前述の無水マレイン酸などのように，電子求引性基を二つもつアルケンも同様である．アセチレンケトンは，対応するエチレンケトンに比べてやや反応性が高い．ベンザインは電子求引性基をもたないが，異例に高い反応性を示す．トリアゾリンジオン **2.7** やチオケトン **2.8** は，π結合が弱いために良好な親ジエン体である．前者は，安定に試薬瓶の中に保存しておける親ジエン体としては最も反応性に富んだものである．

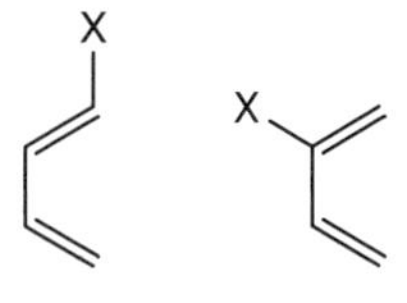

図2.2の一連のジエンの構造による影響を見てみると，以下のことが明らかになる．すなわち，ブタジエンのC-1あるいはC-2に電子供与性基Xが導入されると，たとえそれがメチル基のようにその効果の弱いものであっても（ピペリレン **2.9** やイソプレン **2.10** を見よ），ブタジエンよりも反応性が向上する．また，生成物として二つの位置異性体（regioisomer）を生じる可能性がでてくるが，主として図示した位置異性体が得られる．強力な電子供与性基であるメトキシ基やシロキシ基が導入されたジエン **2.11** や **2.12** はさらに反応性が高い．

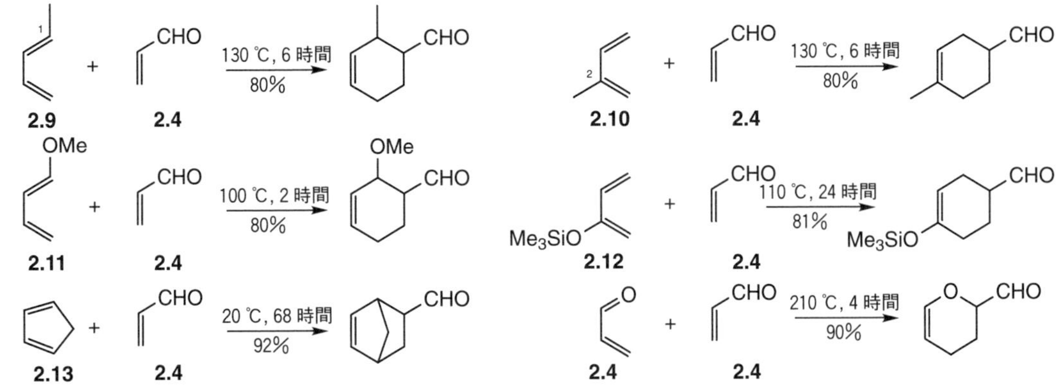

X = Me, OMe, NMe$_2$ など

図2.2

ここで注目すべきことは，シクロペンタジエン **2.13** のような環状ジエンは，非環状ジエンと比べ，かなり反応性が高いことである．ジエンがDiels-Alder反応に参加できるのは，s-*cis* 配座をとった場合に限られる．仮に s-*trans* 配座で反応したとすると，生成物は *trans* の二重結合を有す

s-cis

1 ⇅ 100

s-trans

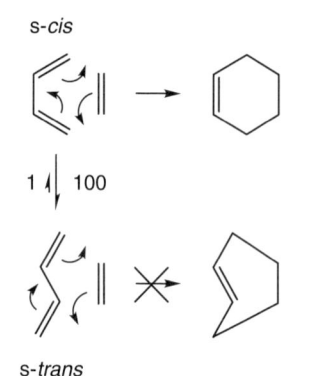

"s"は単結合(single bond)を意味し，s-cis と s-trans は同一化合物での単結合の回転による立体配座(conformation)の違いを示している．立体配置(configuration)の違いを示しているわけではないことに注意．

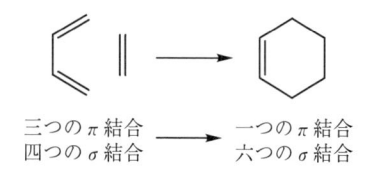

三つのπ結合　　　一つのπ結合
四つのσ結合　　　六つのσ結合

るシクロヘキセンとなってしまうが，これは非常にエネルギーが高く，とうてい存在しえない．ジエンの s-trans 配座は，対応する s-cis 配座よりもエネルギー的に有利であり，たとえばブタジエンでは，室温における s-cis 配座の存在割合はたかだか 1% 程度にすぎない．したがって，同じ条件であれば，環状ジエンのほうが反応性に富んでいる．なぜなら，環状ジエンはすべて s-cis 配座であるため，非環状ジエンのように s-trans 体から s-cis 体への変化に要するエネルギー的な対価を支払う必要がないからである．このことは，とくにシクロペンタジエン **2.13** において顕著である．

図 2.1 や図 2.2 における親ジエン体 **2.7** や **2.8**，ジエン **2.4** に見られるように，反応基質の分子骨格は必ずしもすべてが炭素でなくてもよい．このようにジエンや親ジエン体が窒素，酸素，硫黄などのヘテロ原子を有する場合，これらをそれぞれヘテロジエン(heterodiene)およびヘテロ親ジエン体(heterodienophile)と呼び，反応をヘテロ Diels–Alder 反応(hetero-Diels–Alder reaction)と呼ぶ．なお，親ジエン体が電子供与性基 X を有し，ジエンが電子求引性基 Z を有する場合もある．この組合せの Diels–Alder 反応は逆電子要請型(inverse electron demand)の反応と呼ばれるが，何らかの理由により，通常の組合せ(親ジエン体に Z，ジエンに X)ほどには置換基効果が有効でないため，はるかに反応例は少ない．

Diels–Alder 反応はもちろん可逆的である．したがって，逆反応(**2.3** の矢印を見よ)の道筋をたどることによって，正反応の道筋が明らかになることがある．いかなるペリ環状反応も，熱力学的に有利な方向に進むのであるが，とくに Diels–Alder 反応などの環化付加反応では，環が形成される方向に反応が進むことが多い．これは始原系の二つのπ結合が，生成系の二つのσ結合で置き換えられるからである．Diels–Alder 反応の逆反応を起こすには，逆反応の生成物同士がすぐに反応してしまわないようにすればよい．たとえば，シクロヘキセン **2.3** の 600 ℃ における熱分解反応(pyrolysis)はこれに相当する．生成するジエンまたは親ジエン体に，出発物質には存在しなかった，何らかの特別な安定化の要素がある場合も，逆反応の進行に都合がよい．たとえば，付加体 **2.14**(次ページ)からジイミド **2.16** を合成する際において芳香族アントラセン **2.15** が生成すること，また，不安定中間体 **2.18** の反応において安定

な窒素分子 **2.20** が放出されること，などはその例である．逆環化付加反応は，生成物のうちの一方が何らかの形で消費されて，平衡がずれるような場合にも見られる．下図の二例はそれに相当し，高反応性中間体であるジイミド **2.16** や o-キノジメタン **2.19** は，後続反応によって消費される．

2.2　1,3-双極環化付加反応

1,3-双極子（1,3-dipole）は，アルケンやアルキン，またはカルボニル基やシアノ基のようなヘテロ原子を含む二重結合や三重結合と反応し，複素環を形成する．この種の1,3-双極環化付加反応を起こす双極子は，アリルアニオンと等電子的（isoelectronic）であり，三つの原子（X, Y, Z）の三つのp軌道から成る共役系 **2.21** に 4 個の電子が収容されている．実にさまざまな構造が同様の反応性を示す．X, Y, Z は通常 C, N, O, S から成るどの組合せであってもよく，二重結合，または組合せによっては **2.22** のように三重結合があってもよい．同様に親双極子体（dipolarophile）は，親ジエン体と同じく，通常の元素 A, B のあらゆる組

オゾンは対称な 1,3-双極子である。両端の酸素原子は等価で、求核性と求電子性を併せもっている。

$$\overset{+}{O}=\overset{}{O}-O^- \longleftrightarrow {}^-O-\overset{+}{O}=O$$

訳者注 ここでいう「安定」という言葉には注意を要する。よく知られているように、ジアゾメタンには爆発性、オゾンには強い酸化力があり、それぞれ"取扱い注意"の「不安定」な分子である。しかし、本文に登場した各種の 1,3-双極子はいっそう短寿命で反応性に富んだものが多く、ジアゾメタンやオゾンはそれらに比べれば長寿命である、という意味である。

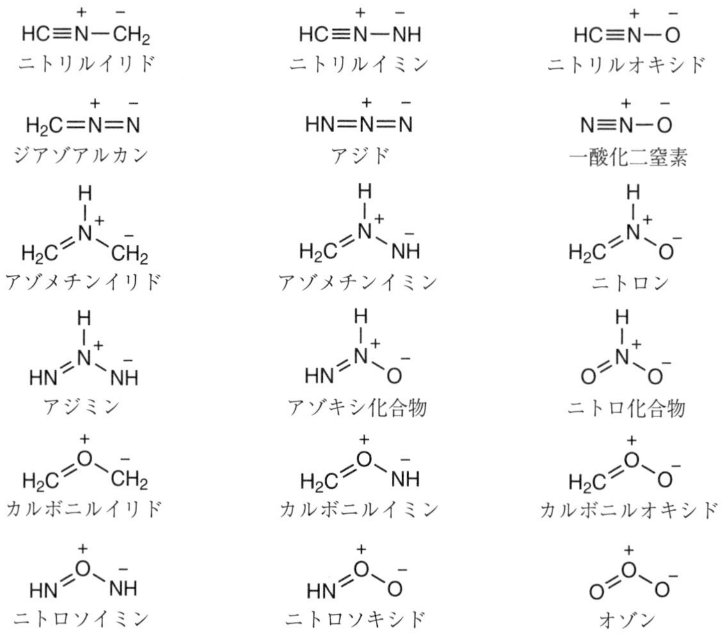

合せから成る **2.23** のような二重結合や三重結合をもった化合物である。

1,3-双極子を、たとえば **2.21** のように、極限構造式で描いてみると、一方の端(Z)は求核的、もう一方の端(X)は求電子的であるように思われる。しかし、もう一つの極限構造式 **2.24** を描いてみると、この求核性と求電子性は互いに所を入れ換えてしまう。つまり、両端ともに求核的、求電子的な性質を併せもっていることがわかる。したがって、形式電荷がマイナスであるというだけの理由で、「こちら側がより求核的である」などと判断してしまうことは危険である。

図 2.3 に、代表的な 1,3-双極子の構造とその総称を記した。これらの双極子では、ジエンと同様に(12 ページ参照)、水素原子を電子供与性基または電子求引性基で置換することで、さまざまな親双極子体に対する反応性や選択性を調節することができる。双極子化合物の中には、オゾンやジアゾメタンなどのように安定なものもあり、また、アジド、ニトロン、ニトリルオキシドなど、置換基によっては安定というものもある。

HC≡N⁺−CH₂⁻	HC≡N⁺−NH⁻	HC≡N⁺−O⁻
ニトリルイリド	ニトリルイミン	ニトリルオキシド
H₂C=N⁺=N⁻	HN=N⁺=N⁻	N=N⁺−O⁻
ジアゾアルカン	アジド	一酸化二窒素
H₂C−N⁺(H)−CH₂⁻	H₂C−N⁺(H)−NH⁻	H₂C−N⁺(H)−O⁻
アゾメチンイリド	アゾメチンイミン	ニトロン
HN−N⁺(H)−NH	HN−N⁺(H)−O⁻	O=N⁺−O⁻
アジミン	アゾキシ化合物	ニトロ化合物
H₂C−O⁺−CH₂⁻	H₂C−O⁺−NH⁻	H₂C−O⁺−O⁻
カルボニルイリド	カルボニルイミン	カルボニルオキシド
HN−O⁺−NH	HN−O⁺−O⁻	O=O⁺−O⁻
ニトロソイミン	ニトロソキシド	オゾン

図 2.3

2.2 1,3-双極環化付加反応

一方,各種のイリド,イミン,カルボニルオキシドなどは反応性に富んだ中間体であり,反応系内で発生させてそのまま用いなくてはならない.図 2.4 に,1,3-双極環化付加反応の代表例をいくつか示す.また,図 2.5 には不安定な双極子の各種の発生法のうち,二例を示す.

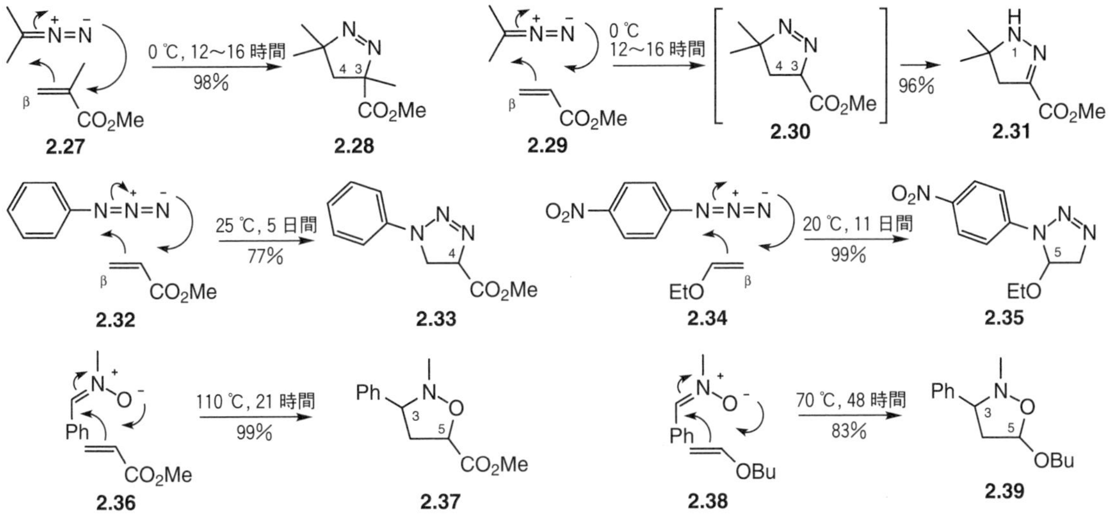

図 2.4

図 2.4 は,1,3-双極環化付加反応の重要な特徴をいくつか示している.ジアゾプロパンは,メタクリル酸メチル **2.27** と容易に反応して付加体 **2.28** を与える.一方,アクリル酸メチル **2.29** との反応では,まず付加体 **2.30** が生じるが,これはカルボニル基の C-3 位のプロトンがただちに N-1 に移動することによって,互変異性体(tautomer) **2.31** へと変化し,これが生成物として実際に単離される.非対称な双極子と親双極子体との反応では,常に二つの位置異性体が生じうる.しかし,ジアゾプロパンと **2.27** あるいは **2.29** とを反応させた場合には,ピラゾリンの C-3 にエステルのある付加体 **2.28** と **2.30** のみが得られ,C-4 にエステルのある生成物はまったく生じていない. $α,β$-不飽和エステルは,明らかにその $β$ 位の側で求電子性が高い.一方,ジアゾアルカンは,図 2.4 のように曲がった矢印が描けるにもかかわらず,明らかに双極子の窒素末端では

2.27 の曲がった矢印は **2.40** のように反時計回りに描くこともでき,しかも同じ反応を表現することに注意したい.

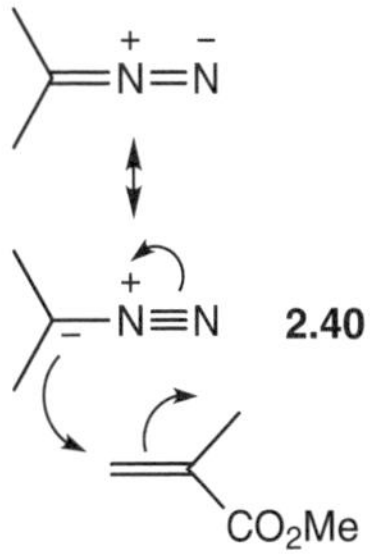

2.40

したがって,曲がった矢印をもって

しても，1,3-双極子のどちらの末端が求電子的か，または求核的かを，確実に示すことはできない．

なく，炭素末端でより求核性が高い．ここで再度確認しておきたいことは，矢印の方向には意味がないということである．すなわち，極限構造式 **2.40** から出発し，逆向きにも矢印を描けるからである．アリールアジドの反応では，相手のアルケンが電子求引性基をもった **2.32** であるか，電子供与性基をもった **2.34** であるかによって，位置選択性(regioselectivity)が逆転する．ベンゼン環に結合した窒素は明らかに求核的であり，アクリル酸メチルの β 位と結合する．一方，末端の窒素は求電子的なので，エチルビニルエーテルの β 位と結合する．しかし，すべての 1,3-双極子について，このようにつじつまが合うわけではない．たとえばニトロンは，アクリル酸メチル **2.36** とも，ビニルエーテル **2.38** とも，同じ位置選択性で反応する．すなわち，アルケン上の置換基は，電子求引性のものであれ，電子供与性のものであれ，結果的に生成した環の C-5 に位置することになる．

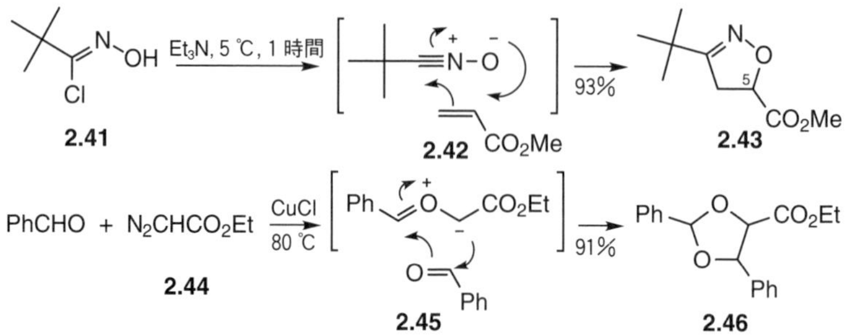

2.41 **2.42** **2.43** **2.44** **2.45** **2.46**

図 2. 5

同様に，ニトリルオキシドとアクリル酸メチルとの反応 **2.42** では，C-5 に置換基がある付加体 **2.43** が生成する．また，末端アルケンも同じ様式で反応し，C-5 にアルキル基がある生成物を生じる．多くの双極子化合物は，電子豊富な親双極子体と反応しやすく，電子不足型のものとは反応しにくい．しかし，双極子によっては逆の傾向を示すこともある．双極子の側に置換基を導入すると，状況は複雑になり，こうした傾向が変化し，双極子の側に固有の位置選択性への影響がでてくる．たとえば，カルボニルイリドの母核は両端が等価なので，**2.45** の反応で位置選択性が高いことは，置換基の効果のみを反映したものである．また，この反

応における親双極子体は，アルケンやアルキンに限らず，ヘテロ原子を含んだものでもよい．

2.3 カチオンやアニオンの[4+2]環化付加反応

時として Diels–Alder 反応を[4+2]環化付加反応，また 1,3-双極環化付加反応を[3+2]環化付加反応と呼ぶことがある．これらの数字は，反応する二つの分子それぞれについて，反応にあずかる原子数を表している．しかし，この分類はあまり有用ではない．それに代わって，本書では一貫して反応に関与する電子数に基づく分類を用いることにする．これによると，Diels–Alder 反応も 1,3-双極環化付加反応も，いずれも[4+2]環化付加反応に分類される．すなわち，ジエンや双極子が 4 電子を供給し，親ジエン体や親双極子体は 2 電子を供給する．これらの反応は，単に[4+2]反応に分類されるというだけでなく，最も反応例が多く，また重要なものである．アリルカチオン，アリルアニオン，ペンタジエニルカチオンなどの共役イオン(conjugated ion)は，すべて環化付加反応を起こしうる．たとえば，アリルカチオンは[4+2]環化付加反応における 2 電子反応成分となる．ヨウ化物 **2.47** から生成したメタリルカチオン **2.48** がシクロペンタジエンと反応し，七員環カチオン **2.49** が生成するのも，その一例である．この場合，4 電子供与体はジエンである．通常の第三級カチオンと同様に，カチオン **2.49** から隣接位のプロトンが脱離し，アルケン **2.50** が最終生成物として生じる．

アリルカチオンとジエンとの環化付加反応は，必ずしもペリ環状反応とは限らない．

ある反応において二つの σ 結合が同時に形成される，という条件が満たされれば，それはペリ環状反応である．しかし，カルボカチオンはアルケンと反応しうるので，最初の結合がまず形成されてシクロペンチルカチオン **2.51** が生じ，別途，第二の結合が形成される可能性(右図)もある．両方の結合が同時に形成されるか否かにかかわらず，反応全体とし

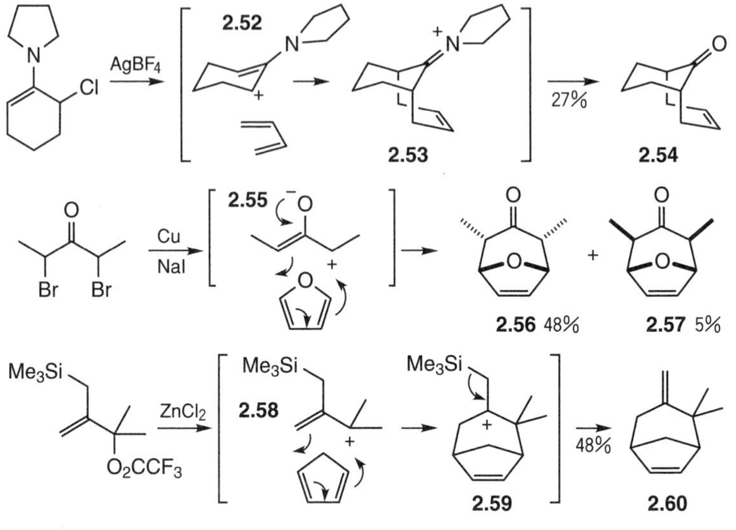

図2.6

訳者注 **2.56**, **2.57** は電荷をもたない化合物であるが，カルボニル基の共鳴を考えると，酸素の孤立電子対により安定化されたカチオン中心をもつと見なすことができる．

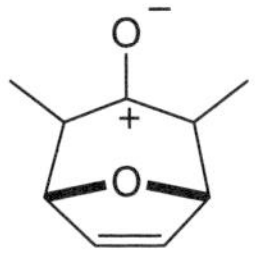

シクロペンタジエンのジエン部は s-cis 配座に固定されているので，スムーズに **2.52** と反応して三環性ケトン **2.61** を与える．**2.52** とブタジエンとの反応（図2.6，**2.54** を見よ）より高収率である．

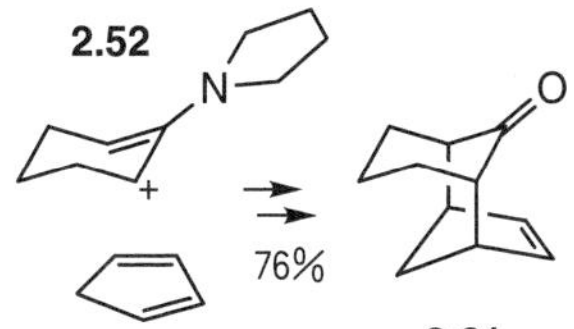

ては環化付加反応であることにかわりはない．**2.50** の生成反応は，こうした段階的反応の例かもしれないが，ともかくペリ環状反応と呼ばれるには，両方の結合の同時形成という条件が必要である．図2.6に，ペリ環状型で進行しているとされる反応例のいくつかを示す．

この種の反応の推移を見ると，アリルカチオンの共役系から出発し，生成系では非共役の単なるカルボカチオンの空の p 軌道となっている．したがって，反応がうまく進行するのは，生成系のカチオンに何らかの特別な安定化要素がある場合に限られるといってもよい．たとえば，**2.52** の窒素の孤立電子対，**2.55** の酸素の孤立電子対，および **2.58** の β-シリル基は，それぞれ生成物 **2.53**，**2.56** と **2.57**，および **2.59** のカチオン中心の安定化に寄与している．Diels–Alder 反応の場合と同様に，ペリ環状反応を起こすためには，ジエンは s-cis の配座をとる必要がある．しかし，反応性中間体であるアリルカチオンは，通常の親ジエン体とは違い，s-cis 配座のジエンと遭遇するほどには十分長い寿命をもっていない．そのため，非環状ジエンとの反応は，二環性ケトン **2.54** の生成反応のように低収率に終わることが多い．一方，環状ジエンとの反応は，三環性ケトン **2.61** の生成反応の例に見られるように，収率がよい．

アリルアニオンは，電子がもう2個多い．しかし，ことが簡単でないのは，通常，この反応種では，その炭素−金属結合はかなり共有結合的な性格を帯びていることである．したがって，共役したアニオンを描く場合に，p軌道から成る対称的な共役系で示すことは適切でないことが多い．それでも，アリルアニオン型化学種である2-フェニルアリルアニオン **2.63** の反応では，ある種の協奏的な性質が見られる．このアニオンは，α-メチルスチレンの塩基処理により，不利な平衡状態で調製されるが，その際にスチルベン **2.62** などのアルケンを系内に共存させておくと，これに環化付加してシクロペンチルアニオン **2.64** を生じ，これはプロトン化によりシクロペンタン **2.65** となる．前節に述べた対応するカチオン型の反応に比べると，この種の反応が段階的に起こる可能性は低い．なぜなら，その実体がどうであれ，カルボアニオンは単純アルケンに付加する性質に乏しいからである．一方，協奏的経路では，新たなσ結合が一挙に2本形成される点でエネルギー的に有利なため，この種の反応はおそらくペリ環状型であると考えてよい．ここでも，出発物質に存在したアリル型の共役系が，生成物のアニオン **2.64** では失われてしまっていることに注意したい．したがって，アニオンを安定化する要素が存在するほうが反応が進みやすい．なお，この種の環化付加反応の例はきわめて限られている．これは，おそらくアリルアニオンがp軌道から成る単純な共役系ではなく，両反応末端に軌道の重なりが同時に生じるのが困難で，環化反応が進行しにくくなるためと考えられる．もし，仮にこうしたアリルアニオンの環化反応が一般的に進行するようになれば，きわめて強力なシクロペンタンの合成法となることであろう．

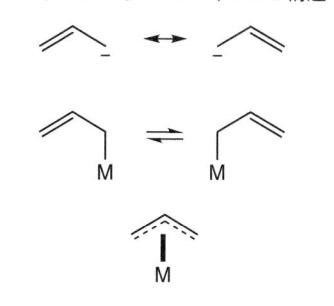

この他の珍しい6電子関与のイオン的環化付加反応として，ペンタジエニルカチオンとアルケンとの反応がある．その顕著な例として，ジム

2.66 の反応は，下図のようにも表現することができ，かつ，本文中の図と同じことを意味している．2.66におけるカチオン性のカルボニル基（オキソカルベニウム部分）は強力に安定化されたカチオンであり，他のメトキシ基は生成物のカチオン中心を安定化させる．上図に示した三つの曲がった矢印が反応の本質であり，この反応が6電子系のペリ環状反応であることを示している．2.66における二つの余分な矢印は置換基の効果を示すものであり，ペリ環状反応にかかわる電子数としては数えない．

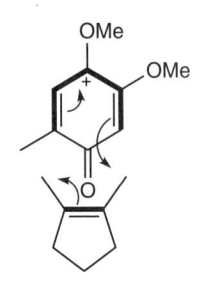

ノミトロール 2.68 の合成の鍵段階 2.66 → 2.67 がある．これはペリ環状反応であるとは認識しにくいが，それだけになおさら注目に値する事例である．環化反応の中間体がペンタジエニルカチオンであることは，左の欄外に示す極限構造式から明らかである．ペリ環状反応に関与する部分を太線で強調してある．こうしたシクロペンタジエニルカチオンを4電子成分，シクロペンテンを2電子成分とする[4+2]環化付加反応は，分子内的にも起こる．この例では，反応のペリ環状的な性格が複雑な環構造にまぎれてしまい，わかりにくくなっているかもしれない．

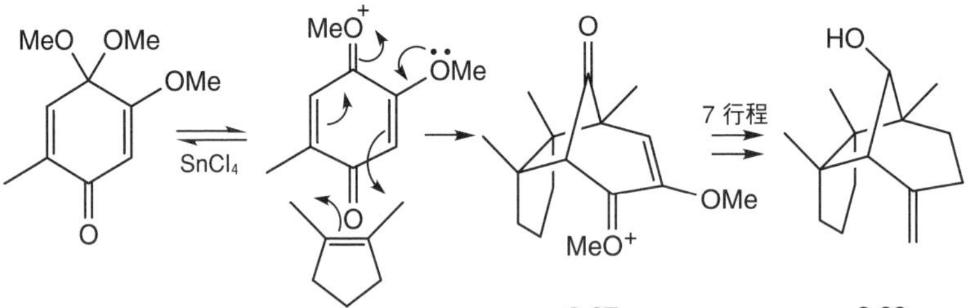

2.4 6個以上の電子が関与する環化付加反応

これまで述べてきた反応の遷移構造は，6電子の移動をともなうものばかりであった．しかし，それ以外の数も可能であり，中でも[8+2]および[6+4]環化付加反応は，環状遷移構造で10電子が関与する例である．

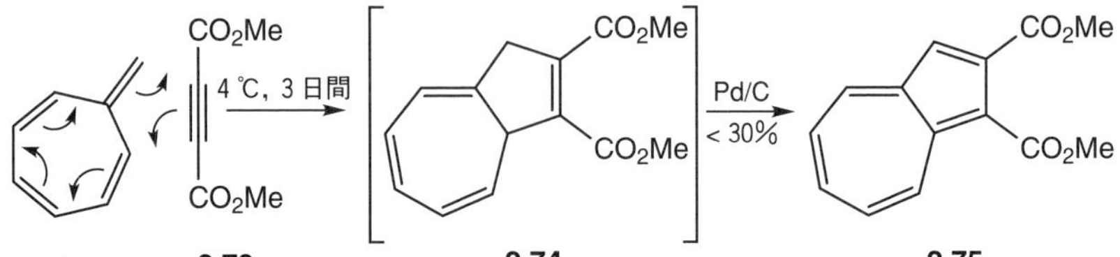

[8+2]環化付加反応

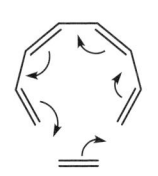

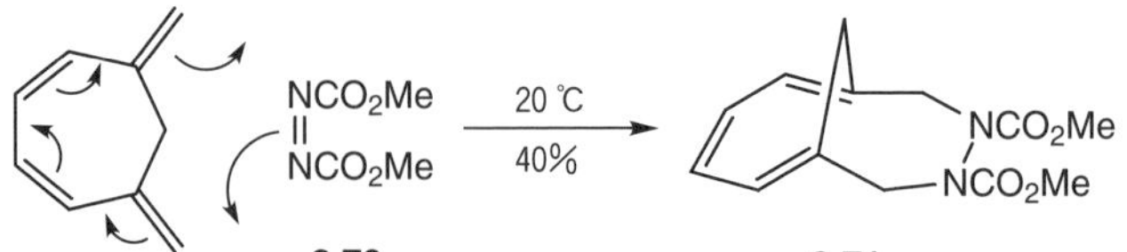

2.4 6個以上の電子が関与する環化付加反応

次章で説明するように，これらの反応において芳香環と同じく($4n+2$)の数の電子が含まれるのは偶然ではない．

8電子共役系では，通常，その両末端が空間的に離れているが，分子によっては，その両末端が比較的近くにしっかり固定されており，二重結合や三重結合と環化付加反応を起こしうるようになっていることもある．たとえば，前ページに示したテトラエン **2.69** では，共役系の両末端がメチレン架橋によって空間的に引き寄せられており，実際にアゾジカルボン酸ジメチル **2.70** と反応して，[8+2]付加体 **2.71** を生じる．同様に，ヘプタフルバレン **2.72** は，アセチレンジカルボン酸ジメチル **2.73** と反応して[8+2]付加体 **2.74** を生成する．この生成物は不安定であるが，パラジウム触媒を用いて系内で脱水素してやれば，比較的安定なアズレン **2.75** として，容易に単離することができる．

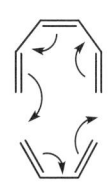

[6+4]環化付加反応は，[8+2]環化付加反応よりも，もう少し例が多い．なぜなら，共役系の両末端が，反応に必要な位置関係を比較的とりやすいからである．この種の反応として，初期に見いだされたのは，トロポン **2.76** が6電子反応成分としてシクロペンタジエンに付加し，付加体 **2.77** を与える反応である．また，N-エトキシカルボニルアゼピン **2.78** は，室温ではゆっくりと，また加熱すると速やかに二量化し，主として付加体 **2.79** を生成する．この反応では，1分子は6電子反応成分として，もう1分子は4電子反応成分として機能している．

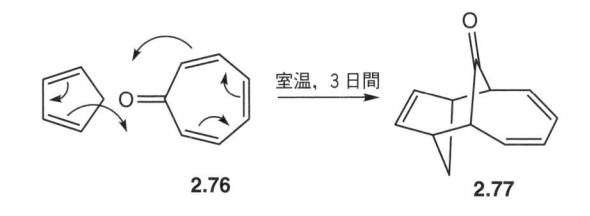

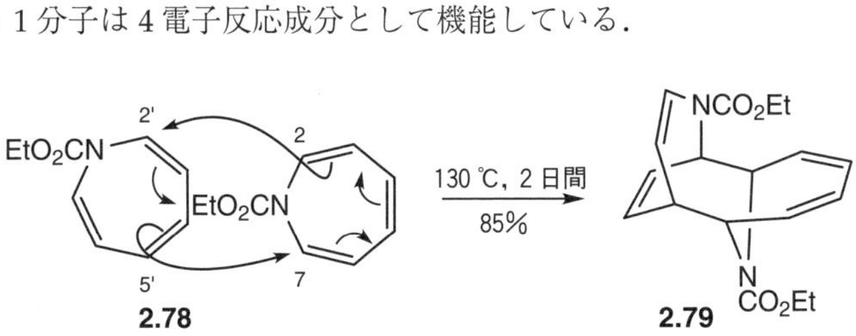

[6+4]環化付加反応

"曲がった矢印"は，新たな結合をつくる二原子を結んだ想像上の線上にその矢の先端を位置させるのが原則であるが，**2.78** にその描き方を適用すると，どの二つの原子間に新たに結合をつくるかがはっきりしない．そこで，やや見ばえは悪いが，長い曲がった矢印を使うことにする．すなわち，**2.78** の矢印のように C-2 または C-5' の原子上を通り，矢印の先は直接結合をつくる相手の原子 C-2' または C-7 を示すように矢印を描く．こうすると，C-2 と C-2' との間と，C-5' と C-7 との間に，新しい結合が形成されることを明示することができる．

2.5 許容反応と禁制反応

ここまでは，[4+2], [8+2], [6+4]環化付加反応について順に述べてきた．しかし，可能性はこれらだけではない．たとえば，ブタジエンはDiels–Alder反応で二量化するが，同様に起こりそうに思われる[2+2]環化付加反応や[4+4]環化付加反応は起こらない．「これを簡単に説明せよ」といわれると，「六員環の生成は，反応点同士の接近しやすさや環ひずみの点で，四員環や八員環よりも常に有利だから」という説がでてくるかもしれない．しかし，この理屈では，エチレンと無水マレイン酸の組合せをはじめ，多くのアルケン同士をいっしょに加熱しても，シクロブタンが生じないという事実を説明することはできない．

禁制反応の例

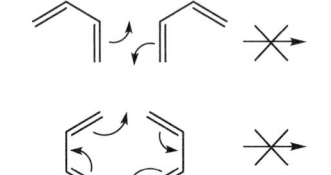

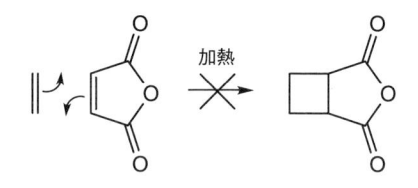

これはたいへん重要な点であり，また確たる事実でもある．もし仮に，アルケンをはじめとする二重結合をもつ他の化合物が簡単に二量化し，四員環生成物が生じるようであったとしたら，この世に安定な分子はほとんど存在しなくなり，また，生命活動も不可能であっただろう．なお，こうした二量化反応は，エネルギー的に見て不利というわけではない．実際，四員環化合物は，二つのアルケンとして存在する系よりも，エネルギー的に有利である．したがって，アルケン同士の環化付加反応には，高い速度論的障壁があるに違いない．3章では，この障壁の起源について説明する．

ここでは，ごくおおざっぱに環化付加反応が起こるか否かのルールを記しておけば十分であろう．熱的条件でのペリ環状反応は，関与する電子の総数が$(4n+2)$（nは整数）であれば許容(allowed)となる．一方，電子の総数が$4n$であれば禁制(forbidden)となる．いいかえれば，ある反応の電子の流れを表す曲がった矢印の数が，奇数であれば許容，偶数であれば禁制となる．この簡単なルールは吟味を必要とするが，もっと正確に，しかも他のペリ環状反応を含め，すべて統一的に取り扱えるルー

熱的な環化付加反応の簡単なルール

ルを3章において紹介する．ここでは，光化学的なペリ環状型の環化付加反応に関するルールを紹介しよう．

2.6 光化学的環化付加反応

光化学的環化付加反応(photochemical cycloaddition)の簡単なルールは，関与する電子の総数が $4n$ の時に反応が起こる，ということである．いいかえると，曲がった矢印の数が偶数の時である．たとえば，アルケンの光化学的環化付加反応では，自分同士あるいは交差カップリングにより四員環化合物が生成する．エチレンとマレイン酸とは熱的な条件では反応しないが，紫外光の照射下ではシクロブタン **2.80** が生成する．同様に，ジエンは分子内反応 **2.81 → 2.82** のように[4+4]環化付加反応を起こすことができる．さらに，数は少ないが[6+6]環化付加反応の例すら知られている．たとえば，トロポン **2.76** は二量化して，低収率ながらも三環性付加物 **2.83** を生成する．

光化学的（第一励起状態における）環化付加反応の簡単なルール

[2+2]光化学的環化付加反応

[4+4]光化学的環化付加反応

[6+6]光化学的環化付加反応

しかし，光による活性化では分子に多大なエネルギーが与えられるので，比較的単純なペリ環状反応以外にも，第一励起状態からさまざまな経路で反応する可能性がでてくる．そのため，上述の光化学反応がペリ

環状反応であるという保証はない．しかし，これらの結果から私たちが学ぶべきことは，光化学的な環化付加反応のルールが，熱的な条件の場合とは大きく異なるということである．この違いをいっそう鮮明にするのは，六員環が生成しやすいにもかかわらず，光化学的 Diels–Alder 反応の例がたいへん少ないという事実である．

2.7　環化付加反応の立体化学

ペリ環状型の環化付加反応においては，各反応成分の共役系の両末端の p 軌道の間で σ 結合が形成される．したがって，結合形成に関与する p 軌道同士はうまく重なりあうように接近する必要があり，たとえば，Diels–Alder 反応の遷移構造 **2.84** において C-1 と C-1' の間，および C-4 と C-2' の間に新たな σ 結合が形成されつつある状態がこれに相当する．これにともない，ジエンの C-2 と C-3 の間に新たな π 結合が形成される．私たちは，このような三次元的な図式を常にイメージできるようにしたい．なぜなら，3 ページに描いたような通常の平面図上での曲がった矢印では，このような接近の空間的な関係をうまく表現することができないからである．ジエンの C-1 と C-4 に新たに形成される二つの結合は，両方とも共役系の面の下側で形成される．新たに形成される二つの結合が分子面の同じ側にある場合，その反応成分について**スプラ面型**（同面型，suprafacial）と呼ぶ〔図 2.7(a)〕．親ジエン体の C-1' と C-2' についても新たな結合は π 結合面の同じ側で形成されているので，これもスプラ面型である．

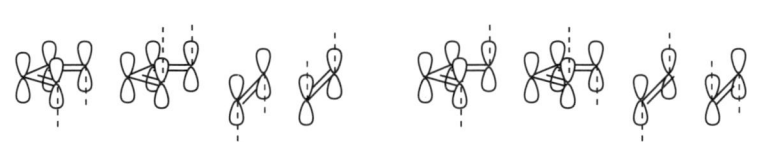

(a) スプラ面型の結合形成　　　(b) アンタラ面型の結合形成

図 2.7

一方，このスプラ面型の反対を**アンタラ面型**（逆面型，antarafacial）と呼ぶ．すなわち，一つの結合が面の片側で形成されたとすると，もう一つの結合が他の面の側で形成されるという反応形式である〔図 2.7(b)〕．

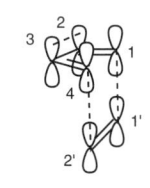

2.7 環化付加反応の立体化学

実際にはこのアンタラ面型の反応例は少なく，これまで述べた中にはなかったし，今後，少なくとも数ページ以内にもでてこない．

ここで，24ページと25ページに示した熱反応と光反応の簡単なルールを再確認しよう．このルールが適用されるのは，環化付加反応において**両方の反応成分がスプラ面型**である場合に限られる．とはいっても，ほとんどのペリ環状型の環化付加反応は，すべて，この条件を満たしており，両反応成分に関してスプラ面型で進行する．そもそも，ある共役系が他の共役系から，アンタラ面型で攻撃を受けることは，空間的になかなか難しい．なぜなら，**2.85**のように，一方の反応成分が他方の反応成分の面の上から下へ回りこんで接近する必要があるからである．これが可能なのは，少なくとも片方の分子の共役系が長く，しかもそれがねじれている場合に限られるので，実際のところ，アンタラ面型の反応は，きわめて少ない．なお，これらのルールはペリ環状型の環化付加反応にのみ適用できることに注意すべきである．環化付加反応であってもペリ環状型でない反応については，二つの結合が一挙に形成されても，これらのルールはあてはまらない．

Diels–Alder反応において，**2.84**のようにジエンと親ジエン体ともにスプラ面型で反応するという事実は，有機合成において立体制御に活かされており，また，それを通じて，スプラ面型の反応であることの証拠が蓄積されてもいる．すなわち，両末端が置換されたジエンは，上述のような片側の面から新たな結合形成を起こし，立体化学的な関係を保持した生成物を生じる．*trans, trans* のジエン **2.86** とアセチレンジカルボン酸ジエチル **2.87** との反応で生成する付加体 **2.88** では，シクロヘキサジエン環上の二つのフェニル基が *cis* の関係にある．こうした関係を視覚化するには，少し練習が必要である．たとえば，生成物を **2.88** のように遷移構造のまま描いておき，右側から眺めたように描き直して **2.89**

環化付加反応におけるある成分についてのアンタラ面型の軌道の重なりには，現実的にはそうありそうもない，長くかつ柔軟な共役系の存在が必要である．

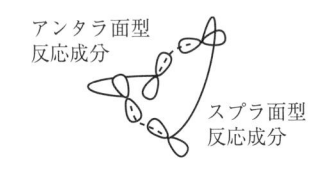

アンタラ面型
反応成分

スプラ面型
反応成分

2.85

ジエンのスプラ面型の反応

のようにしてみよう．こうすると，二つの水素原子は手前側に，二つのフェニル基は向こう側に見えるだろう．

親ジエン体についても同様である．マレイン酸エステル **2.90** とフマル酸エステル **2.92** はそれぞれブタジエンと反応し，互いにジアステレオマーの関係にある付加体 **2.91** と **2.93** を生成する．環化付加反応におけるp軌道の重なりがスプラ面型であることにより，親ジエン体の cis, trans の関係が生成物に反映されている．Diels–Alder 反応は，盛んに有機合成に用いられる．その理由は，一段階で二つの新しい C–C 結合を形成できるという利点に加え，予測可能なかたちで最大四つの不斉中心の相対立体化学を制御することができるからである．

二つの環化付加反応(**2.90** → **2.91**, **2.92** → **2.93**)のように，異なる立体異性体から出発して，異なる立体異性体が生じるような反応を**立体特異的**(stereospecific)と呼ぶ．ある反応が立体特異的であるというためには，立体異性体の関係にある一対の反応基質から出発し，それぞれ異なる立体異性体を与えることが確かめられなければならない．

Diels–Alder 反応に限らず，これまでに述べたペリ環状型の環化付加反応は，すべて両方の反応成分についてスプラ面型である．たとえば，1,3-双極環化付加反応において，親双極子体がスプラ面型で反応していることは，以下の例に明らかである．すなわち，フマル酸ジメチル **2.94** やマレイン酸ジメチル **2.96** とジアゾメタンとの反応では，それぞれ立体特異的に trans, cis の付加体 **2.95** と **2.97** を与える．これとは対照的に，非環状の双極子化合物については，ほとんどの場合，反応がスプラ面型であるかどうかを立証することはできない．なぜなら，ジアゾアルカンは，双極子の窒素側に新たな不斉中心を生じないからである．しかし，アゾメチンイリドについては，その両末端での反応様式を知ることができる．実際，反応は立体特異的にスプラ面型で起こり，たとえば，二つの双極子 **2.98** および **2.100** をそれぞれアセチレンカルボン酸ジメチルと反応させると，互いにジアステレオマーの関係にある付加体 **2.99**, **2.101**

2.7 環化付加反応の立体化学

が生成する．アゾメチンイリド **2.98** および **2.100** は反応性中間体であり，立体特異的な電子環状反応により生成する（4章，99ページ）．

アリルカチオン，アリルアニオンの[4+2]環化付加反応，およびもっと長い共役系の[8+2]や[6+4]環化付加反応などにおいても，知られている限り，すべて両反応成分ともにスプラ面型で反応する．たとえば，シクロペンタン **2.65** の二つのフェニル基が *trans* の関係にあること（21ページ）は，*trans* のスチルベンに対して二つの新たな結合がスプラ面型で形成されたことを示している．また，三環性付加体 **2.61**（20ページ），**2.77**，**2.79**（23ページ），**2.83**（25ページ），さらに四環性付加体 **2.82**（25ページ）の構造を見てみると，それぞれの反応が各反応成分において，やはりスプラ面型で進行したことがわかる．もっとも，仮にこれらの場合にアンタラ面型で反応したとしても，生成物は高度にひずんでいることになり，存在できるかどうかすら疑わしい．したがって，これらの場合にはスプラ面型の反応のみが可能である．ここで重要なことは，こうした環化付加反応が進行したこと自体である．すなわち，スプラ面型同士の反応が空間的には可能であるにもかかわらず，熱的な反応条件では[2+2]，[4+4]，[6+6]のペリ環状型環化付加反応が進行しないこと，またその一方で，光化学的な条件では[4+2]，[8+2]，[6+4]ペリ環状型環化付加反応が進行しないこと，それらの事実こそが重要なのである．

立体選択が起こる過程の中には軌道の対称性に由来しないものもあり，

イリド **2.98**，**2.100** の π 軌道の電子状態は，アリルアニオンのそれと同じである．結合性軌道である ψ_1 は中心原子と両端原子の間に π 結合を形成しており，これによって σ 結合の回転は制限されている．

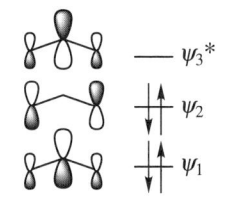

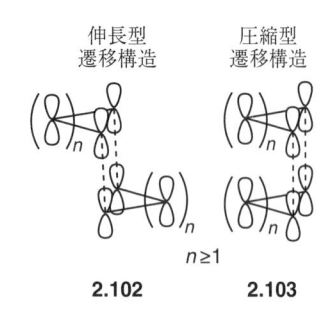

その制約はもう少しゆるやかである．多くの環化付加反応では，2種類のスプラ面型の接近様式がある．その一つは，いわゆる伸長型遷移構造（extended transition structure）**2.102** を経由するもので，共役系同士が互いに離れている．もう一つは圧縮型遷移構造（compressed transition structure）**2.103** であり，一方の共役系は他の共役系に覆いかぶさるように位置している．これら両方の接近様式はともに，後に3章で述べるルールから許容であるが，通常，その一方が他方に優先する．これらの接近様式による立体化学の違いは，両反応成分がともに三つ以上の原子から成る共役系である場合に問題となる．たとえば，一方の反応成分がエチレンのように二原子から成る場合は考慮しなくてもよいが，アリルカチオンとジエンとの環化付加反応においては，重要な問題となる．20ページの2種類の付加体 **2.56** と **2.57** は，それぞれ圧縮型遷移構造 **2.104** および伸長型遷移構造 **2.105** に由来するものであり，この場合，明らかに前者のほうがエネルギー的に有利であることになる．

アリルカチオンとジエンの環化付加反応では，通常，圧縮型遷移構造がエネルギー的に有利である．

一方，三環性ケトン **2.77**（23ページ）およびアゼピン二量体 **2.79**（23ページ）は，それぞれ **2.106** および **2.107** の伸長型遷移構造からの生成物であり，いずれの場合にも圧縮型遷移構造に由来する生成物は見られない．

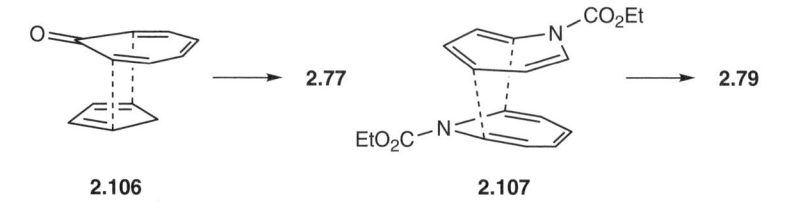

[6+4]環化付加反応では伸長型遷移構造が有利である．

このように，反応系によって明らかにルールが異なるのである．こうした長い共役系の環化付加反応では，共役系上の置換基による影響も少

2.7 環化付加反応の立体化学

なからずあるはずであり，これが本来の優先性（伸長型か圧縮型か）を上回る効果を発揮している可能性もある．なお，この分野の理解はあまり進んでおらず，これらの比較的珍しい環化付加反応の選択性の起源は明らかにされていない．

一般に，置換基効果のほうがより重要である．なぜなら，二つ以上の原子から成る共役系を含め，あらゆる共役系において影響があるためである．よくあるように，一つの共役系の片側に置換基Zがあるとしよう．すると，反応に際し，相手の共役系から見て，このZが離れた側にある **2.108** と，その共役系の下に来る **2.109** の二つの可能性がある．前者の接近様式をエキソ型（*exo* mode），後者をエンド型（*endo* mode）と呼ぶ．エンド型のアプローチでは，置換基Zと共役系の軌道との立体反発があるので，エキソ型のアプローチによる生成物が主として得られるものと予想され，また実際にそうなることが多い．

しかし，周知のようにDiels-Alder反応は例外的である．たとえば，無水マレイン酸とシクロペンタジエンの反応では，エンド型遷移構造 **2.110** を経て，いわゆるエンド付加体 **2.111** がおもに生成し，エキソ付加体 **2.112** の生成量はごく少ない．しかし，反応混合物を長時間加熱していると，逆Diels-Alder反応と正反応が繰り返し起こって平衡に達し，エキソ体 **2.112** が主な生成物となる．したがって，エンド付加体は明らかに速度論的に有利な生成物であり，この優先性をAlder則（Alder's rule）と呼ぶ．

エキソ付加

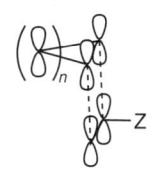

2.108

エンド付加

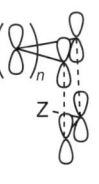

2.109

2.110 → (室温) → **2.111** ⇌ (190 °C) → **2.112**

訳者注 伸長型，圧縮型という分類は，両反応成分が3原子以上から成る共役系の場合に，双方の骨格の接近の様式の違いに基づくものである（30ページの **2.102** と **2.103** を見よ）．一方，反応成分が2原子から成る共役系の場合，それについた置換基の方向により，エキソ型，エンド型に分類される（上図 **2.108** と **2.109** を見よ）．しかし，3原子以上から成る共役系同士の反応の場合でも，エキソ型，エンド型という分類をしていることも多く，混乱がある．

このAlderのエンド則は，シクロペンタジエンのような環状ジエンと，マレイン酸無水物のような二置換の親ジエン体との反応例ばかりでなく，非環状ジエンと一置換の親ジエン体との環化付加反応にもあてはまる．たとえば，1,4-ジフェニルブタジエンとアクリル酸との反応では，エン

Alder のエンド則に合致して，直鎖の trans-ジエンからは，すべての置換基が cis の関係にあるシクロヘキセン環が生成する．

ド型遷移構造 2.113 を経由して，シクロヘキセン上のすべての置換基が cis である付加体 2.114 が，高い選択性 (9:1) で生成する．ここでも平衡条件下での反応では，カルボキシル基が二つのフェニル基に対して trans の関係にある異性体 2.115（上の条件では副次生成物であった）が主生成物となる．

エンド則は，逆電子要請型の Diels–Alder 反応にもあてはまる．たとえば，ブタジエニルスルホキシド 2.116 のエナミン 2.117 に対する環化付加反応では，単一付加体として 2.118 が得られる．ここで注目すべきことは，親ジエン体上の電子供与性基であるアミノ基，およびジエン上の電子求引性基のスルフィニル基が，生成物において互いに cis の関係になっていることである．この事実は，エンド型の遷移構造を考えれば，うまく説明できる．

逆電子要請型の Diels–Alder 反応の例

1,3-双極環化付加反応の立体化学はそう簡単には説明できない．しかも，多くの場合，その選択性は高くない．たとえば，アクリル酸メチルの C,N-ジフェニルニトロンへの環化付加反応では，2.119 や 2.121 のような反応によって付加体 2.120 と 2.122 を生じるが，選択性は若干エンド型が優先する程度である (57:43)．しかし，時に合成的に有用なほどエンド付加が優先することもあるし，また時にはエキソ付加が優先することもある．要するに，選択性は双極子や親双極子体の種類や置換基の

双極環化付加反応におけるエンド, エキソの立体選択性はそう高くないことが多い.

性質しだいで大きく変化し, 予測することは困難である. たとえば, **2.123** のアゾメチンイリドのマレイン酸ジメチルへの環化付加反応では, 主としてエンド付加体 **2.124** を与える (選択性3:1) のに対し, **2.126** のニトロンのビニルエーテルへの環化付加反応では, エキソ付加体 **2.127** が主として生じる (選択性92:3). こうした反応では, 置換基が異なると, まったく状況が変わってしまうのである. しかも, それぞれの場合の双極子の幾何配置が明らかでないばかりか, 生成物も速度論支配のものであるか, あるいは熱力学支配のものであるか不明である. いくつかの一般的な原則が知られている Diels–Alder 反応とは異なり, 1,3-双極環化付加反応の立体選択性を利用して合成計画を立てようとする場合には, くれぐれも類例をよく調べることが重要である.

いくつかの1,3-双極環化付加反応では, エンド付加が有利である.

エキソ付加が有利な1,3-双極環化付加反応の例

2.8 環化付加反応の位置選択性

これまでに述べた立体異性体に加え, 次ページに示すピペリレン **2.129** やイソプレン **2.133** などの非対称ジエンと, アクリル酸メチル **2.130** のような非対称な親ジエン体との反応では, 二つの置換基の位置

2章 環化付加反応

関係の異なる2種類の付加体が生じる．ここで，一方の付加体（たとえば **2.131**）がもう一方の付加体 **2.132** よりも優先することを，位置選択性と呼び，これらの **2.131** と **2.132** は互いに位置異性体（regioisomers）の関係にあるという．メチル基のようにさほど分極が強くない置換基の影響によってすら，しばしば高い位置選択性が発現する．とくに上の例のように，反応がようやく進むような，ぎりぎりの低い温度で反応させると，高い選択性が発現する．

一般に，1位に置換基を有するジエンと一置換の親ジエン体は，置換基同士が隣り合った"オルト"付加体を優先的に生じる．2位に置換基をもっているジエンはほとんど常に，環の対角にある原子同士に置換基をもつ"パラ"付加体を優先的に与える．ここで注目されるのが，この傾向がほとんどすべての置換基の組合せにあてはまることである．すなわち，この組合せは，電子供与性のもの（X-），電子求引性のもの（Z-），そしてビニル基やフェニル基のように単に共役系が延長した形の置換基（C-）でもよい．唯一の例外は，X置換のジエンとX置換の親ジエン体の組合せであり，例は多くないが，この場合は若干"メタ"選択的である．

この傾向をごく簡単に説明するためによく取りあげられる例を以下に示す．メトキシブタジエン **2.138** とアクロレイン **2.139** の環化付加反応

訳者注 一置換のジエンと親ジエン体との Diels–Alder 反応の主生成物の構造は，シクロヘキセン環上の置換基の位置関係から"オルト"体または"パラ"体と便宜上呼ばれているが，本来，オルト，パラはベンゼン環上の置換基の相対的な位置関係を示す名称である．

では"オルト"付加体 **2.140** だけが生じる．これは，ジエンの C-4 の部分的な負電荷が（**2.136** の矢印を見よ），アクロレインの β 位の部分的な正電荷（**2.137** の矢印を見よ）と引きつけあうからであると説明されている．一般に置換基の電子供与能や電子求引能が高いほど，反応の位置選択性は高い．この説明は先述の逆電子要請型の反応例にもあてはまり，ジエン **2.116** の C-4 が求電子的，エナミン **2.117** の β 位が求核的であるとすればよい．

この位置選択性の説明は単純でわかりやすいが，すべての事例を説明することはできない．たとえば，ブタジエン-1-カルボン酸 **2.142** とアクリル酸 **2.143** との反応の主生成物は，"オルト"付加体 **2.144** である．しかし，ブタジエン-1-カルボン酸は，**2.141** の矢印を見ればわかるように，C-4 に部分的な正電荷があると期待されるので，この C-4 炭素はアクリル酸の β 位の部分的な正電荷とは反発するはずである．この選択性に関し，もっとよい説明を 3 章の 81 ページに述べる．

2.141

2.142 + **2.143** $\xrightarrow[86\%]{150\,^\circ\mathrm{C}}$ **2.144** + 90 : 10

1,3-双極環化付加反応の位置選択性はさらに複雑である．図 2.4（17 ページ）と図 2.5（18 ページ）では，非対称な双極子や置換様式が非対称な双極子が，一置換の親双極子体に対し，ある方向性をもって環化付加体を生成する様子を述べた．これらの反応例を説明することは，上述の Diels–Alder 反応の場合のようには簡単でない．なぜなら，一つの双極子の両端のどちらが求核的で，どちらが求電子的であるかが自明ではないからである．形式電荷があてにならないことは，ジアゾプロパン **2.40** の例で述べた．先述のように，フェニルアジドのような双極子は，相手の親双極子のもつ置換基が電子求引性であるか，電子供与性であるかによって，対照的な位置選択性で反応し，それぞれ位置異性体 **2.33** と **2.35** を生じる．しかし，双極子によっては，こうした整合性がなく，たとえ

ば，ニトロンは両方の親双極子体に対して同一の位置選択性で反応し，二つの生成物 **2.37** および **2.39** は，両者とも C-5 に置換基をもつ結果となる．しかも，電子求引性がもっと強くなると，もはやこの傾向もあてはまらなくなる．N-メチル-C-フェニルニトロンは，メチレンマロン酸ジエチルと反応して付加体 **2.145** を与えるが，これはアクリル酸メチルとの反応の生成物とは逆の位置異性体である．

さまざまな要素がからんでいるので，1,3-双極環化付加反応に習熟した人がほとんどいないのは不思議ではない．多種多様な双極子や親双極子体があり，また置換基の効果が，ある傾向を助長したり，あるいはそれを凌駕する影響を示したりするので，反応性や位置選択性は予測不能であって，残念ながら統一的な理解など，とてもできそうにない．さしあたりは，この種の反応を見た時に，それが 1,3-双極環化付加反応であることを認識し，選択性の予測や説明が難しいという問題があることを思いだすことができれば，それで十分であろう．

2.9 分子内環化付加反応

分子内環化付加反応（intramolecular cycloaddition）といえども，その反応自体が許容か禁制かという強力なルールには従わなければならない．しかし，分子内反応ゆえの制約は，これまでに述べた位置選択性や立体選択性を支配する比較的弱い力を凌駕してしまうこともある．したがって，分子間反応では合成の目的にそぐわない選択性が予想されるような場合，合成デザインに分子内反応の特性をうまく組みこむことで，解決をはかれる可能性があることを覚えておこう．

たとえば，ベンゾシクロブテン **2.146** の電子環状開環反応で発生するジエン単位は，分子内にあるビニル基によってエキソ型遷移構造 **2.147** を経て捕捉される．この反応を分子間で起こそうとしても，活性化基が

ないためにそもそも反応速度が遅すぎるし，また，仮に反応したとしてもエンド型遷移構造を経由することであろう．さらに，位置選択性はほとんど期待できそうもない．なぜなら，置換基の電子供与効果が弱く，あったとしてもむしろ逆の位置異性体の生成を助長するだろうからである．これに対し，図の例では，炭素鎖がいす形のつなぎ役となって，必要とされる立体選択性や位置選択性を発現させ，高温を要するものの，今日的には実用的な反応温度で，簡潔にして美しいステロイドの合成が達成されている．

同様に，ニトロン双極子 2.151 は，アルケンに対して自発的かつ円滑にスプラ面型の付加反応を起こすが，この位置選択性は置換基によるものではなく，分子内反応ゆえのものである．なぜなら，事実上，二重結合は対称的だからである．1,3-双極環化付加反応における結合形成は本質的に同時的ではなく，この場合にはC−C結合の形成がC−O結合の形成に先行する（この非同時性については，3章の81ページでもう一度議論する）．C−C結合のほうが早期にでき始めるので，これが七員環を生じるように反応する 2.150 よりは，むしろ 2.149 のように六員環を生成するように反応し始めるほうが有利である．ここでも分子内反応ゆえの完全な位置選択性が実現されており，このことは，ルシジュリン 2.153 のたいへん短い行程の合成の鍵となった．

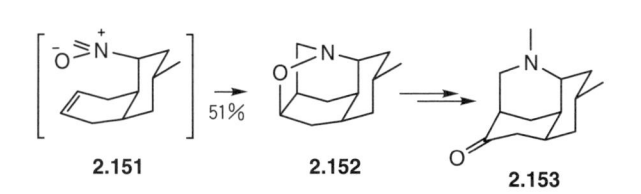

2.10 環化付加反応がすべてペリ環状型というわけではない

先に，アリルカチオンとジエンとの反応が，段階的に進行しうることを述べた．すなわち，二つの結合形成が同時的ではなく，段階的であるような反応は，環化付加反応ではあるが，もはやペリ環状反応とはいえない．これまで登場した反応のすべてが，ペリ環状反応であるという保証はない．逆に，反応が段階的に進むには，強力な置換基が存在し，一方の結合が他方よりも先に形成された時に，生成する中間体が帯びる電

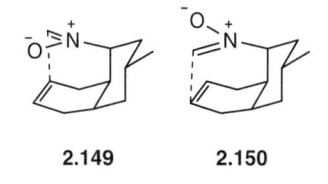

カチオンを安定化させる置換基（X）のある化合物と，アニオンを安定化させる置換基（Z）のある化合物との反応では，段階的な反応過程が可能になる．

荷を十分安定化できることが前提となる.

この章でこれまで述べた環化付加反応の多くは，この条件を満たしていそうもないので，ペリ環状型で進行しているものと思われる．例外があるとすれば，逆電子要請型の Diels–Alder 反応 **2.117** → **2.118** ぐらいであろうか．しかし，一つの結合の形成がもう一方の結合形成に先行するような反応系を組むことは，さほど難しいことではない．単にただ二つの反応成分に，片や強力な電子供与性基をもたせて求核的にし，他方に強力な電子求引性基を導入して求電子的にしてやるだけでよい．たとえば，エナミン **2.154** はメチルビニルケトン **2.155** と容易に反応し，ヘテロ Diels–Alder 付加体に相当する **2.157** を与えるが，この反応はペリ環状反応ではない．すなわち，中間体 **2.156** の存在を示唆する多くの証拠があり，これは単にエナミンの C-2 がエノン系の β 炭素を求核的に攻撃すれば容易に生成する．エナミンの求核性は，求電子的アルケンと反応するのに十分なほど大きいことが知られている．また，エネルギー的に見ても，この反応で二つの結合形成が同時に起こらなければならないという必然性はない．実際，同様な反応をアクリル酸メチル **2.158** との間で行うと，六員環は生成せず，中間体 **2.156** に類似の双性イオン型中間体(zwitterionic intermediate) **2.159** を経由する二段階過程により，シクロブタン **2.160** が得られる．こうした反応例は数多くある．すなわち，これらは環化付加反応ではあるが，ペリ環状反応ではないため，これまで述べたルールの適用外なのである．

見かけ上は Diels–Alder 反応であるが，実際には段階的な反応である．

見かけ上は禁制反応である [2+2] ペリ環状型の環化付加反応と思えるが，実際には段階的なイオン反応である．

2.10 環化付加反応がすべてペリ環状型というわけではない

段階的反応の中にはジラジカル中間体を経由するものもある．概してこの種の反応は高温を必要とするが，アルケンが加熱条件でカップリングしてシクロブタンが生成する反応などは，おそらくこの中間体を経由しているであろう．たとえば，ハロアルケン **2.161** が，自分同士あるいはブタジエンのようなジエンと反応し，シクロブタン **2.163** を生成する例などがこれにあたる．中間体 **2.162** におけるラジカルは安定化されている．すなわち，左側のラジカルは二つの α-塩素原子と二つの β-フッ素原子の存在によって，また，右側のラジカルはアリル位にあることによって，それぞれ安定化されている．このような反応例は少なくないが，いずれの場合にもラジカルを安定化する基の存在が必須である．

中間体に生じるラジカルを安定化させる置換基(R)が存在すると，このような段階的な反応が可能となる．

上の反応例からは，ある興味深い疑問が生じる．「ジラジカル中間体 **2.162** からは，なぜ六員環生成物が得られないのだろうか」．そのヒントは，すでに述べてある．Diels–Alder 反応では，ジエンが比較的エネルギーの高い s-cis の配座をとらなければならないことを思いだしてほしい．一方，段階的反応においては，ジエンはその第一段階で s-cis 配座をとっている必然性はない．この例のように，置換基によってラジカルが安定化される限りは，最初の結合の形成が起こり，ジラジカル **2.162**（下に **2.164** と描き直した）が生じた段階でも，ジエン部分は s-trans 配座のままである．このように s-trans のジエンから発生したアリルラジカル **2.164** は，それ自体で立体配座が固定されており，その C-2 と C-3 の結

29 ページのアリルアニオンの場合と同様，アリルラジカルにおいてもC-1 と C-2 との間のみならず，C-2 と C-3 との間にも π 結合性が存在している．

合は，ジエンの時よりもむしろ回転しにくくなっている．**2.164** において，不対電子の動きを表す釣り針形矢印を考慮してみると，塩素原子で安定化されたラジカルが反応する相手の不対電子は，C-3 のみならず C-1 にも等しい確率で存在する．にもかかわらず，C-1 のラジカルを攻撃することはないのは，仮にこの攻撃が起こったとしても，*trans* のシクロヘキセン **2.165** を生じてしまうからである．C-2 と C-3 の結合の回転は，ラジカル再結合反応 **2.162 → 2.163** よりもはるかに遅いのである．

　段階的反応はペリ環状反応のルールの適用外なので，往々にして，例外的な反応が見つかった時の説明にもちだされる．しかし，数は限られるが，ルールに従わないように見えつつも，なおペリ環状反応であるらしい熱的[2+2]環化付加反応がある．その一例として，ケテン類と電子豊富アルケンとの反応がある．すなわち，ジフェニルケテン **2.167** とエチルビニルエーテル **2.166** との反応では，シクロブタノン **2.168** が生成する．また，他の例としては，求電子剤によって開始されるアレンやアセチレンの二量化反応があるが，これらはすべてビニルカチオン中間体がアルケンやアルキンへ環化付加することから成り立っている．たとえ

禁制である[2+2]ペリ環状型の環化付加反応が進行したように思われる変則的な反応．

右の二つの環化反応は，ともにビニルカチオンの反応と考えることができる．**2.170** は明らかにビニルカチオン中間体である．また，ケテン **2.167** はカルボニル基の共鳴の極限構造式を考えると，下図のように，高度に安定化されたビニルカチオンと見なすことができる．

2.167
ジフェニルケテンの共鳴構造式

ば，Smirnov–Zamkov 反応と呼ばれるジメチルアセチレン **2.169** と塩素との反応では，ビニルカチオン **2.170** を経由してジクロロシクロブテン **2.172** が生成する．この種の[2+2]環化付加反応はペリ環状反応と見なせるが，後に 3 章では，なぜこの種の反応が起こるのかについて，特別な取扱いが必要であることを述べる．

2.11 キレトロピー反応

多くのキレトロピー反応も，反応論的には異常に思える．ジクロロカルベン **2.173** とアルケンとの反応に代表されるような，カルベンの二重結合への立体特異的な挿入反応は，キレトロピー反応のなかで最も有名なものである．この反応は 4 電子しか関与していないが，アルケンに関してスプラ面型で進行し，出発物質のアルケン置換基の幾何配置が，シクロプロパン生成物 **2.174** や **2.175** の立体化学に反映される．しかも，ジエンと反応させた場合にも [2+2] 反応が起こる．この場合，許容の [4+2] の経路があるにもかかわらず，それは起こらない．

訳者注　**2.173** → **2.174**，**2.175** の反応に関与する電子はアルケンのπ電子 2 個とカルベンの孤立電子対 2 個である．したがって，この反応は [2+2] 環化付加反応である（19 ページ参照）．

変則的なキレトロピー反応の例：禁制であるスプラ面型の [2+2] 環化付加反応が進行しているように見える．

この反応もまたやや特殊であり，特別な取扱いが必要である．しかし，素直な 6 電子のキレトロピー反応もある．たとえば，ジアゼン **2.176** から非可逆的に窒素分子が脱離する反応や，ノルボルナジエノン **2.177** から一酸化炭素が容易に放出される反応などである．

許容であるスプラ面型の逆 [4+2] 環化付加反応が進行する正常な反応の例

このような反応もまた，知られている限り，共役系に関してスプラ面型で進行するとされている．たとえば，立体化学的に標識されたブタジ

立体特異的なキレトロピー反応

エン **2.178** と **2.179** に二酸化硫黄が可逆的に挿入する反応は，立体特異的にスプラ面型で起こる．

また，許容の経路をたどる 8 電子関与のキレトロピー反応も知られている．最も驚くべき反応例として逆環化付加反応があり，これはたいへん興味深い．というのも，七員環スルホン **2.181** と **2.183** とから立体特異的に二酸化硫黄が脱離する反応は，一方の反応成分がアンタラ面型で挙動する例として，本書に初めて登場したものだからである．この反応を理解するには，その逆反応からたどってみるのがよい．*trans*, *cis*, *trans* のトリエン **2.180** に，二酸化硫黄が環化付加する状況を考えよう．ここから *trans* の異性体 **2.181** が生成するには，**2.184** に示したような軌道の重なりが生じなければならない．すなわち，一方の結合は共役系の上側から，他方は下側から形成されるので，トリエン成分についてアンタラ面型となる．先述の反応はこれとは逆方向に起こるが，その経路は共通である．

アンタラ面型の環化付加反応を考えれば，この逆反応の生成物 **2.180** の立体化学が説明できる．

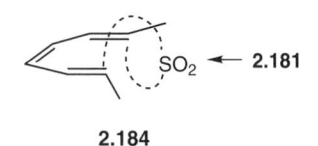

2.184

2.180　**2.181**　**2.182**　**2.183**

より深く学ぶための参考書

以下の書籍および論文は詳しい情報源となる．また，"Comprehensive Organic Synthesis," Vol. 5, ed. L. A. Paquette, Pergamon, Oxford (1991)（以下 *COS* と略記する）の各章も参考になる．W. Carruthers, "Cycloaddition Reactions in Organic Synthesis," Pergamon, Oxford (1990)；F. Fringuelli and A. Tatticchi, "Dienes in Diels-Alder Reactions," Wiley, New York (1990)；"Advances in Cycloaddition," ed. D. P. Curran, JAI Press, Greenwich CT, Vol. 1 (1998), Vol. 2 (1990), and Vol. 3 (1993).

分子間 Diels–Alder 反応：W. Oppolzer in *COS*, Ch. 4.1；ヘテロ Diels–Alder 反応：J. Hamer, "1, 4-Cycloaddition Reactions," Academic Press,

New York (1967); D. L. Boger and S. M. Weinreb, "Hetero Diels–Alder Methodology in Organic Synthesis," Academic Press, New York (1967); B. Weinreb in *COS*, Ch. 4.2; D. L. Boger in *COS*, Ch. 4.3; 分子内 Diels–Alder 反応：D. F. Taber, "Intramolecular Diels–Alder and Alder Ene Reactions," Springer, New York (1984); W. R. Roush in *COS*, Ch. 4.4; 逆 Diels–Alder 反応：R. W. Sweger and A. W. Czarnik in *COS*, Ch. 4.5; B. Rickborn in *Org. React.* (*NY*), **52**, 1 (1998); 逆電子要請型反応：J. Sauer and H. Wiest, *Angew. Chem., Int. Ed. Engl.*, **1**, 268 (1962); D. L. Boger and M. Patel, "Progress in Heterocyclic Chemistry," ed. H. Suschitzky and E. F. V. Scriven, Pergamon, Oxford (1989), Vol. 1, p. 30.

双極環化付加反応：R. Huisgen, *Angew. Chem., Int. Ed. Engl.*, **2**, 565 and 633 (1963); "1,3-Dipolar Cycloaddition Chemistry," ed. A. Padwa, Wiley, New York, Vol. I and Vol. II (1984); A. Padwa in *COS*, Ch. 4.9.

[4+3] 環化付加反応：J. H. Rigby and F. C. Pigge, *Org. React.* (*NY*), **51**, 351 (1997).

[4+4] および [6+4] 環化付加反応：J. H. Rigby in *COS*, Ch. 5.2.

[3+2] および [5+2] 光環化付加反応：P. A. Wender, L. Siggel and J. M. Nuss in *COS*, Ch. 5.3.

熱的条件におけるシクロブタン形成：J. E. Baldwin in *COS*, Ch. 2.1 and Ch. 5 in "Pericyclic Reactions," ed. A. P. Marchand and R. E. Lehr, Vol. 2, Academic Press, New York (1977).

光化学的環化付加反応：M. T. Crimmins and T. L. Reinhold, *Org. React.* (*NY*), **44**, 297 (1993).

キレトロピー反応：W. M. Jones and U. H. Brinker, Ch. 3 in Vol. I and W. L. Mock, Ch. 3 in Vol. II, in "Pericyclic Reactions," ed. A. P. Marchand and R. E. Lehr, Academic Press, New York (1977).

問 題

2.1 ジエンの C-2 にメチル基のような置換基があると，Diels–Alder 反応における反応性が向上するのはなぜかを説明せよ．また，*trans*-ピペリレン **2.9** は *cis*-ピペリレンよりも Diels–Alder 反応に

おける反応性が高いのはなぜかを説明せよ．

2.2 以下の環化付加反応を分類し，熱的なペリ環状反応のルールに従うかどうかを説明せよ．

2.3 以下のヘテロ環化合物の合成の各段階を説明せよ．

2.4 これらの化合物を合成するために，どのような環化付加反応を用いればよいか．

2.5 既知の二分子的なペリ環状反応のうちで，シクロブタジエンの二量化が最も速やかであることの理由を説明せよ．

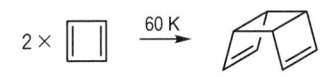

$$2 \times \square \xrightarrow{60\,\text{K}} \diagup\!\!\!\diagdown$$

3 Woodward–Hoffmann則と分子軌道

3.1 結合の形成と解裂の協奏性に関する証拠

　ペリ環状反応の特徴は，すべての結合の形成と解裂が協奏的に起こり，何ら中間体を経由しないことにある．当然，有機化学者はこうしたことの真偽を証明するために懸命に研究し，とくにDiels–Alder反応を中心として巧妙な実験系が工夫されてきた．以下，こうした事情をよく物語るいくつかの実験をごく簡単にまとめた．

　Diels–Alder反応のArrheniusパラメータでは，次の二点が特徴的である．(1) 活性化エントロピーが異例に大きな負の値（典型的には$-150 \sim -200 \text{ J K}^{-1} \text{ mol}^{-1}$）をとる．(2) 反応が発熱的であることを反映し，活性化エンタルピーが小さい．二分子反応の活性化エントロピーはそもそも大きな負の値を示すものであるが，このDiels–Alder反応の値はそれにしても大きい．これを理解するには，両方の反応基質同士が，新たな二つの結合を同時に形成するために望ましい，特別な空間配置をとらなければならないことを考えてみればよい．遷移構造がコンパクトなものであることは，加圧により反応が加速されることともよく一致する．

　Diels–Alder反応の反応速度は溶媒の極性にほとんど依存しない．仮に双性イオン型中間体が関与しているとすると，この中間体は二つの出発物質のどちらよりも極性が高いので，極性溶媒を用いると，この中間体が強く溶媒和を受けるものと考えられる．しかし，通常のDiels–

Arrheniusパラメータ

訳者注 たとえば，
$$C_2H_5Br + Cl^- \xrightarrow{\text{アセトン}} C_2H_5Cl + Br^-$$
の反応における活性化エントロピーの値は$-83 \text{ J K}^{-1} \text{ mol}^{-1}$である．

小さい溶媒効果

Alder 反応においては溶媒の双極子モーメントを 2.3 から 39 と大きく変化させても,反応速度はたかだか 10 倍程度しか大きくならない.これとは対照的に,イオン的な段階的環化付加反応は,極性溶媒中では 10 の数乗倍の反応加速が見られる.この証拠だけでも,ほとんどの Diels-Alder 反応はイオン的な段階的機構を経由していないと推論することができる.段階的機構として残るのは,ジラジカル経由の可能性だけである.

3.1 のように,反応の進行につれて三配位(トリゴナル)から四配位(テトラヘドラル)へと移行していくジエンと親ジエン体の四つの炭素を重水素置換して反応を行うと,わずかながらもはっきりと速度論的な逆二次同位体効果が測定される.もし,両方の結合が同時に形成されるとすれば,両端が重水素化されたときの同位体効果は,各末端での同位体効果に対し相乗的に現れてくる.もし,結合が順次形成されるとすれば,同位体効果は相加的となる.微妙な差異ではあるが,実験事実はこの種の環化付加反応も開裂反応も,ともに協奏的であることを示唆している.

親ジエン体の両反応末端が互いにどのように影響しあうかを調べるための別のやり方としては,親ジエン体に順次四つまで電子求引性基を導入していき,それによって反応速度がどう変化するかを調べる方法がある.テトラシアノエチレンとブタジエン,および 1,1-ジシアノエチレンとブタジエンとが反応するときの反応速度を比べると,もし協奏的な反応であれば,前者の反応速度は統計的な数字以上に増大するはずであり,一方,段階的な反応であれば,さほど反応速度は増大しないことになる.さらに,環形成の相対的な反応速度を親ジエン体に対する求核剤の攻撃(これは段階的反応のモデルと考えることができる)の相対速度と比較することも,反応機構解明の一助となる.この方法による実験結果も協奏的な反応機構を支持している.

この反応機構に関する分子軌道計算も,時代とともに一段と精密なレベルで行われるようになった.すべてとまではいわないものの,ほとんどの計算結果は協奏的なペリ環状反応の経路が最もエネルギーの低い遷移構造を与えることを示唆している.また,計算によると,同位体効果の実験から得られた結果は,この反応が協奏的であるということをいっそうよく支持している.すなわち,段階的な反応のジラジカル中間体はジエンの末端側にはアリルラジカル構造があり,これはトリゴナルから

テトラヘドラルに変化しないだろうという計算結果である．このため段階的な反応を経由するとすれば，結合が形成される側での同位体効果と奇数の電子のある側での同位体効果は大きく異なるべきである．しかし，実際には両末端の同位体効果の値には変化がなく，さらに両末端の同位体効果の和よりも大きな値が観測される．こうして，反応はおそらく協奏的であろうと結論されるのである．

究極的な証拠は，ペリ環状反応が前章で述べた一連のルールに従うという事実そのものである．このルールはかなり広範囲に適用できそうである．これらのルールは，反応が協奏的であるときに限ってあてはまる．中には，たまたまルールに従っているように見える，という反応もなくはないだろう．しかし，擬人的にいえば，きわめて多数の反応が，あたかも自分たちを厳しい立体化学的ルールで律しているかのように見えることは，あまり通常ありそうもなく，これは一般的に何よりも強力な証拠である．もちろん，どんな反応でもルールに従うというだけでは，ペリ環状反応であることの証拠にはならない．ルールに従うことは，その反応がペリ環状反応であることの必要条件にすぎないのである．大部分の環化付加反応では，反応基質の両方についてスプラ面型で反応が進む．この事実は，二番目の結合形成が最初の結合形成と同時でないにせよ，時を移さず，少なくとも単結合の回転がまったく起こらないようなタイミングで起こっていることを意味している．ほぼ間違いなくペリ環状反応とされているほとんどの反応は，実際にそうであろうと考えられる．

次に，分子軌道論(molecular orbital theory)に基づいて，ペリ環状反応の反応性の傾向を説明する考え方を述べる．

> ルールに合う多くの反応例

3.2 芳香族型の遷移状態

最も重要かつ簡単な観察事項としては，熱的に起こる反応は，通常，総電子数 $(4n+2)$ 個の関与する遷移構造をもっているということである．前章では，[4+2], [8+2], [6+4]の熱的な環化付加反応は普通に起こるのに対し，[2+2], [4+4], [6+6]の環化付加反応は光化学的な活性化なしにはほとんど起こらないことを述べた．前者の反応群では電子の総数が$(4n+2)$となっており，これは芳香環の電子数に類似している．

この考え方の問題点は，総電子数が$4n$でも円滑に進行するペリ環状

> 芳香族的な遷移状態は，芳香環が安定化されているのと同様な安定化を受ける．下の二つの式を比較せよ．

反応が存在することの説明にやや難があることである(後に4章で述べる). これらの反応はアンタラ面型の反応成分を含んでいるので,次のような芳香族遷移状態モデル(aromatic transition state model)で説明できないことはない. すなわち,もし環状の共役系を構成するp軌道がMöbiusの環のようにねじれているとすると,芳香族系のために適切な電子の数は($4n+2$)ではなく$4n$になるという考え方である. 遷移構造におけるアンタラ面型の反応成分はMöbius型の共役系に等価である(27ページの**2.85**を仮想的な例として,また42ページの**2.184**を現実の例として参照せよ).

すばらしく単純であるが,この考え方はあまり説得力があるとはいい難い.

3.3 フロンティア軌道

フロンティア軌道(frontier orbital)に基づけば,これまで述べてきたルールをずっと簡略化することができる. フロンティア軌道とは,一方の反応成分の最高被占軌道(highest occupied molecular orbital : HOMO)ともう一方の反応成分の最低空軌道(lowest unoccupied molecular orbital : LUMO)のことである. これらの軌道同士はエネルギー的に最も近接しており,それらの相互作用によって遷移状態のエネルギーが低下する. たとえば,**3.2**に示す[2+2]環化付加反応と,**3.3**や**3.4**に示す[4+2]環化付加反応とを比較してみよう. 前者ではフロンティア軌道の位相が両端で一致していないのに対し,後者では**3.3**もしくは**3.4**のように,フロンティア軌道の組合せのどちらをとっても位相が一致している. 本書では,p軌道のローブ(lobe)に陰影をつけることによって,原子軌道の符号を表すことにする. これは,電荷の符号とまぎらわしくないようにするためである. **3.2**の[2+2]環化付加反応では

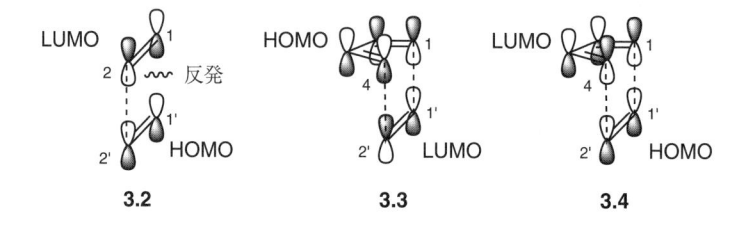

C-1 と C-1' のローブの符号が反対になっており，反発を生じる反結合性相互作用（antibonding interaction）であることを表している．C-2 と C-2' の結合形成に障害はないので，段階的な反応は可能である．しかし，両方の結合を同時に形成しようとすると，問題が起こる．[4+4] や [6+6] 環化付加反応でも同じ問題が生じるが，[8+2] や [6+4] 環化付加反応ではそうはならない．自分で実際に試してみてほしい．

　ここで [2+2] 環化付加反応のフロンティア軌道をもう一度見直してみると，もう一つの可能性があることに気がつく．**3.5** のように，「C-1' の上側のローブがくるっと回りこんで C-1 の上側に届かないだろうか」ということである．これは確かに結合性相互作用（bonding interaction）であり，両方の結合が協奏的に形成されることが可能だろう．しかし，少なくともエチレンのような分子に関する限り，C-2 と C-2' の軌道の重なりを保ったまま，こうした重なりを生じることは空間的に不可能であろう．このようなねじれを許すほど，この系は柔軟ではないからである．共役系が十分に長く，かなりねじれることができるような柔軟な系に限って，これが可能となる（27 ページに描いた仮想的な例 **2.85** を参照せよ）．後で 69 ページに，こうしたことが実際に起こる例がでてくる．

　フロンティア軌道を用いると，「光化学反応に関し，なぜあれほどにも完璧にルールが変わってしまうのか」という疑問にも説明がつく．光化学的な環化付加反応では 1 個の電子が HOMO から LUMO へと励起され，この励起状態（excited state）の分子が別の基底状態（ground state）の分子と反応する．相互作用することにより遷移構造のエネルギーを最も効果的に低下させる軌道の組合せは，基底状態の分子の LUMO と，励起された分子の LUMO であった軌道（ここでは "LUMO" と表す）である．HOMO と "HOMO" の相互作用も，同時にエネルギー低下をもたらす．[2+2] 環化付加反応においては，LUMO－"LUMO" 相互作用 **3.6**，および HOMO－"HOMO" 相互作用 **3.7** ともに，それぞれの分子の両端が結合型であるので，二つの分子は結合することができる．この場合のフロンティア軌道相互作用（HOMO－"HOMO" と LUMO－"LUMO"）は，エネルギー準位が近接した（あるいはまったく同じ）軌道同士のものなので，二つの分子間には強い引力が生じ，エキシプレックス（exciplex）と呼ばれる中間体が形成される．遷移状態においてわずかながらも反発力が働

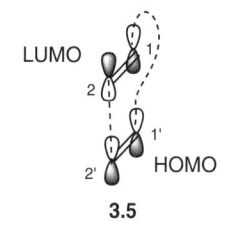

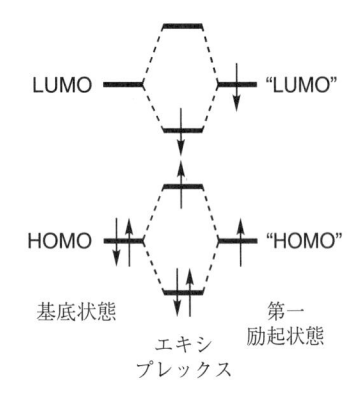

く熱的な環化付加反応とは，この点が異なっている．**3.8** や **3.9** に示すように，光化学的な [4+2] 環化付加反応の軌道相互作用は一方の端で反結合的である．したがって，この様式の環化付加反応は協奏的には進行しない．

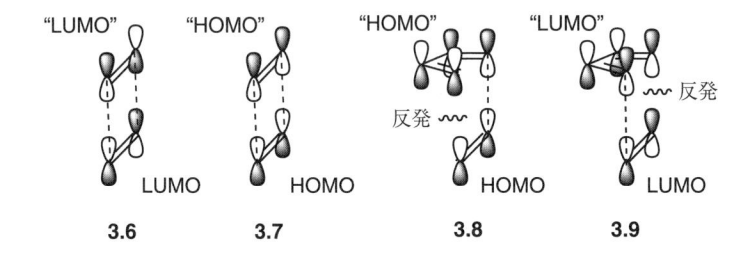

一方，フロンティア軌道理論を電子環状反応やシグマトロピー転位のような一分子反応に適用することは，根本的な矛盾をはらんでいる．なぜなら，一つの分子の中にフロンティア軌道の対を見つけだすため，人為的に分子を分割して取り扱わなければならないからである．しかも，「いったいなぜ，禁制とされる反応がそれほど起こりにくいか」を，フロンティア軌道理論では説明することができない．実例について見ると，禁制の反応経路の遷移構造は，許容反応のそれに比べて常に 40 kJ mol^{-1} あるいはそれ以上高いエネルギー準位にある．フロンティア軌道理論はもっと小さな反応性の差異を取り扱う場合に，より効果を発揮する理論なのである．

このフロンティア軌道理論は，反応速度や位置選択性に対する置換基効果，あるいはエンド則などのような，もっと微妙な選択性の要素を取り扱うときに再び登場する．ここでは，分子が相互作用する際に，上述のルールがなぜこれほど忠実に守られるのかについて，もう少しよい説明を探してみることにしよう．

3.4 相関図

相関図 (correlation diagram) を用いれば，少なくとも反応全体を通じてある対称要素が保持されるような反応については，厳密に説明することができる．その考え方は，(1) 対称要素を把握し，(2) 変化を受ける

軌道の対称性を分類し，(3) 出発物質の軌道が生成物の軌道とどのように関連づけられるかを見る，という手続きを順に踏むものである．ここで仮定していることは，出発物質のある軌道は，生成物の軌道のうちでどれか対称性の等しいものに移行していく，ということである．反応成分に置換基がついて分子の対称性が失われても，実際に変化を受ける軌道に対しては二次的な摂動(perturbation)であるとして取り扱う．さて，ここでは相関図をつくりあげる手続きについて述べよう．なお，安心してほしいことは，新たな反応に出会うたびに，こうした厄介な手続きが必要，というわけではないということである．これは一種のデモンストレーションであり，また分子軌道を取り扱うよい練習であると思えばよい．そこから導かれる Woodward–Hoffmann 則を学べば，こうした手続きは省略できる．

最初に，典型的な許容反応の例である Diels–Alder 反応を見てみよう．

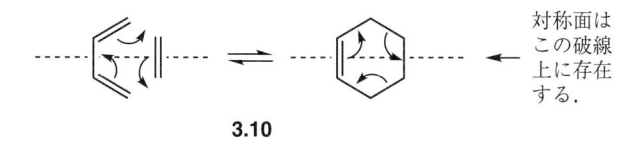

対称面はこの破線上に存在する．

3.10

ステップ1 反応 **3.10** の炭素骨格を描き，正反応，逆反応の両方について曲がった矢印を描こう．ここで注意すべきことは，ジエンや親ジエン体の対称性をくずすような置換基があっても，実際に関与している軌道の対称性には基本的に影響を及ぼさないと考えることである．

ステップ2 変化を受ける軌道を見つけよう．それを特定するには，ステップ1で描いた曲がった矢印が役立つ．それは，出発物質ではジエン単位の π 軌道 (ψ_1–$\psi_4{}^*$) と親ジエン体の C=C 二重結合の π 軌道 (π と π^*) である．生成物では，π 結合および新たに形成された二つの σ 結合である．

ステップ3 反応全体を通して保存される対称要素(symmetry elements)を見つけだそう．一つとは限らない．**3.11** のように，両方の

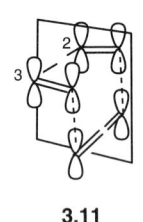

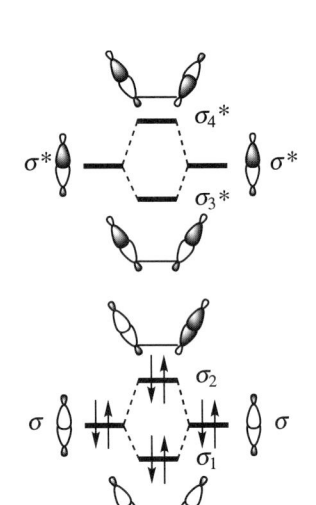

反応成分についてスプラ面型で進むことがわかっている Diels-Alder 反応では，この対称要素は一つしかない．すなわち，**3.11** に描いたジエンの C-2 と C-3 を結ぶ結合と，親ジエン体の π 結合を二分する対称面である．

3.11

ステップ 4 エネルギー準位ごとに軌道をおおまかに分類し，それらを低いほうから順番に，出発物質を左側，生成物を右側にして描く（図 3.1）．

ステップ 5 各エネルギー準位の横に軌道を描き，ローブに陰影をつけて原子軌道の係数の符号（位相）を示す．π 結合についてはすべて問題はないが，生成物の二つの σ 結合についてはこれらが一見互いに別々のように見えるという問題がでてくる．次のステップでは，反応を通して保存される対称面に関し，これらの軌道がもつ対称性を明らかにする必要がある．それでは，上述のような独立に見える一対の軌道をどう取り扱えばよいだろう．その答えは，それらをいっしょに取り扱うことである．すなわち，これらは 1 結合分だけ離れて存在しているので，きわめて強く π 型の相互作用をするに違いない．したがって，二つの結合性 σ 軌道（bonding σ orbital）と二つの反結合性 σ* 軌道（antibonding σ* orbital）が相互作用することによって，新たに四つの分子軌道の組（σ_1, σ_2, σ_3^*, σ_4^*）ができあがるのである．これらのうちの一対（σ_1, σ_3^*）は二つの σ 結合の位相が一致しており，π 型相互作用によりエネルギーが低下している．一方，他の対（σ_2, σ_4^*）は二つの σ 結合の位相が異なっていて，π 型の反結合性相互作用でエネルギーが上昇している．これらの π 型相互作用は，全体としては若干エネルギーの上昇を招くこととなるが，これは電子がつまった軌道同士が相互作用した時に常に見られる現象である．これは，立体配座解析においておなじみの，二つの置換基が互いに重なった場合〔エクリプス配座（eclipsed conformation）〕のエネルギーの上昇と類似点がある．

ステップ 6 対称要素に従い，それぞれの軌道を分類する．まず図 3.1 の左下から着手すると，最もエネルギーの低い軌道はジエンの ψ_1 で

あり，これは原子軌道の係数の符号がすべて正である．いいかえれば，共役系の上側には陰影のない軌道が並んでいる．C-1 と C-2 の原子軌道は，紙面の破線上に立てた鏡面を通して C-3 と C-4 の原子軌道に映るので，ψ_1 は対称(symmetric：S)に分類される．左側の縦の列の一つ上を見ると，次の軌道は親ジエン体の π 軌道であり，これもまた鏡映操作に対して対称である．次の軌道はジエンの ψ_2 であるが，これは C-1 と C-2 の原子軌道が正の係数，C-3 と C-4 のそれが負の係数をもっている．すなわち，C-2 と C-3 の間に節(node)がある．C-1 と C-2 の原子軌道に鏡映操作を施しても C-3 と C-4 の原子軌道に映らないので，この分子軌道は鏡面に対し反対称(antisymmetric：A)である．対称性を分類表記するには，これ以外に手の込んだ手続きは不要であり，残る軌道についても，

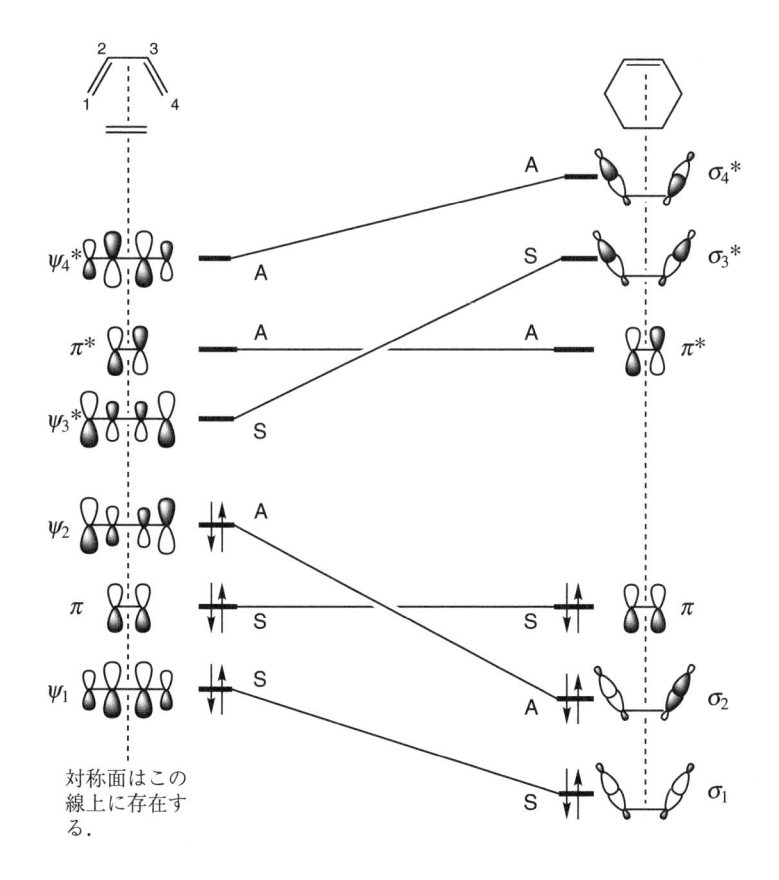

図 3.1
Diels−Alder 反応における軌道相関図

すべて同様に，対称あるいは反対称に分類すればよい．また，右側の生成物の軌道についても，σ_1 は対称，σ_2 は反対称，という具合である．

ステップ7 軌道相関図(orbital correlation diagram)をつくろう(図3.1)．出発物質の一つの軌道は，生成物の軌道のうちの，どれか対称性の等しいものへと移行するという仮定に基づき，出発物質の軌道から，対称性が等しく，エネルギー的に最も近い生成物の軌道に向けて線を引く．たとえば，ψ_1(S) は σ_1(S) と，π(S) は π(S) と，そして ψ_2(A) は σ_2(A) と結ぶ．同様に非占有軌道についても，ψ_3^*(S) は σ_3^*(S) と，π^*(A) は π^*(A) と，そして ψ_4^*(A) は σ_4^*(A) と結ぶ．

> **訳者注** 状態相関図においては，σ_1^2 や σ_3^{*2} のように，2個の電子で占有されている軌道は対称となる．1個の電子で占有されている軌道については，その軌道の対称性により S または A となる．$\sigma_1^2\sigma_3^{*2}$ や $\sigma_1^2\sigma_2^2$ は対称の軌道が組み合わさった状態なので，全体でSとなる．一般にSの軌道とSの軌道，あるいはAの軌道とAの軌道の組合せはSとなり，Sの軌道とAの軌道の組合せはAとなる．59ページ下の訳者注も参照せよ．

ステップ8 状態相関図(state correlation diagram)をつくろう．出発物質の基底状態の軌道が生成物の基底状態の軌道へと円滑に移行していく．出発物質の基底状態を($\psi_1^2\pi^2\psi_2^2$)のように記述する．いずれの項も2乗の形(各軌道に2電子ずつ収容されている)なので，全体的に対称(S)と記述される．同様に，生成物の基底状態も($\sigma_1^2\sigma_2^2\pi^2$)であり，これもまた対称である．少なくともわれわれが必要とする状態相関図は，さほど複雑なものではない．出発物質の基底状態の個々の軌道は，生成物の基底状態の個々の軌道と関連づけられる．したがって，状態相関図とは単に基底状態と基底状態とを結びあわせたものにすぎない(図3.2)．

図3.2
Diels–Alder 反応の状態相関図の一部
GS：基底状態．

ここでは，状態相関図はあまり必要そうに見えないかもしれない．しかし，**3.12** に示すエチレンの二量化のような禁制の熱的[2+2]環化付加反応の状態相関図をつくってみると，その効力が浮き彫りになる．まず，反応を描き，曲がった矢印を書き加える．反応成分は明らかに二つの π 結合であるが，この場合に保存される対称要素は二つある．一つは，Diels–Alder 反応の場合と同様に，π 結合を二分する面であり，もう一つは出発物質同士を二分する面である．この面に関してこれらの出発物

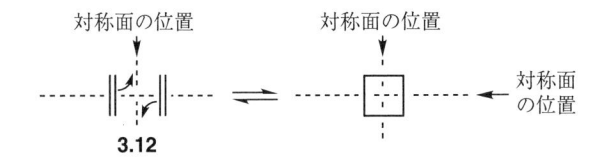

質は互いに鏡に映りあう形になっている．この面に対応する対称性を分類するには，接近するπ結合同士に注目し，それらを組み合わせて，高エネルギー状態の反対称性のもの **3.13** と，低エネルギーで対称性のもの **3.14** をつくりあげる必要がある．二つの分子が互いに接近する際に形成される分子軌道を考えれば，こうした状況は想像に難くない．先にDiels-Alder 反応について考えた時に，σ結合の相互作用を考えてσ_1から$\sigma_4{}^*$の分子軌道をつくりあげたのと本質的に同じである．シクロブタン生成物の二つのσ結合を取り扱う場合にも，これと同じやり方を繰り返さなければならない．

こうして軌道相関図を描くと，図 3.3 のようになる．しかし，これらの軌道の対称性の分類を二度しなければならない．一度は図 3.3 の縦の破線で表されるπ結合を二分する面に関して，もう一度は横の破線，すなわち二つの反応物同士を二分する面に関してである．たとえば，出発物質の最低エネルギーの軌道は，二つの結合性π軌道を結合型で組み合わせたπ_1である．この軌道に関し，両方の面についての鏡映操作を施してみると，それぞれについて対称である(SS)．次に，すぐ上にある軌道は，二つの結合性π軌道を反結合的に組み合わせたπ_2である．この軌道は，第一の面に対しては鏡映対称であるが，第二の面についてはそうならない．そこで，第一の面については対称，第二の面については反対称であると分類する(SA)．その上の二つの反結合性π軌道について，$\pi_3{}^*$と$\pi_4{}^*$がそれぞれASとAAであることを自分で実際に確かめてほしい．生成物の側についても同様である．第二の対称性の分類が加わった点を除けば，図 3.1 で見たσ結合のパターンの再現である．

さて，いよいよ図 3.3 を完成させる段階であるが，それにはエネルギー準位を相関させてやればよい．つまり，それぞれの出発物質の軌道の対称性に着目し，生成物の軌道の中にそれと同じ対称性のものを探しだして，それらを結びつけるのである．たとえば，π_1軌道であれば，SS なの

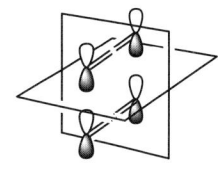

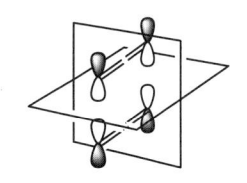

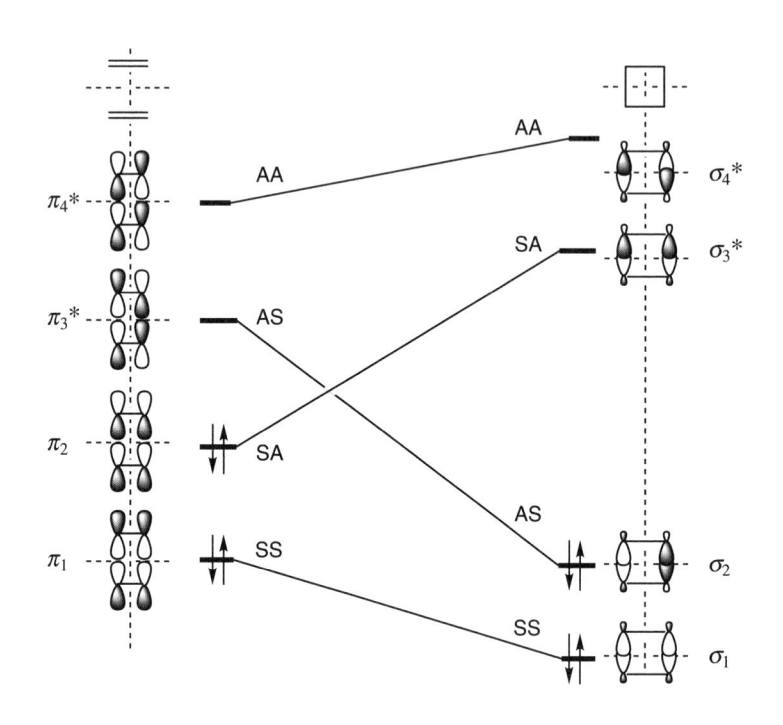

図 3.3
[2+2] 環化付加反応の軌道相関図

で同じく対称性が SS の σ_1 と結べばよい．同様にして，SA は SA と，AS は AS と，そして AA は AA と結ぶ．今回は，出発物質の電子を収容した結合性軌道（π_1 と π_2）は，生成物の基底状態には結びつかないことがわかる．すなわち，一方の π_1 軌道は低いほうの結合性軌道 σ_1 と相関するが，もう一方の π_2 軌道は反結合性軌道のうちの一つ σ_3^* と相関してしまうからである．

図 3.4 のように状態相関図を描いてみると，出発物質の基底状態は $\pi_1^2 \pi_2^2$ であり，全体として対称であることがわかる（両方の項が 2 乗の形であることに注意せよ）．図 3.3 の線をたどると，基底状態は生成物における二重に励起された状態（$\sigma_1^2 \sigma_3^{*2}$）に移行することとなる．ここでも，それぞれの項が 2 乗の形になっているので，全体として対称である．一方，生成物の基底状態（$\sigma_1^2 \sigma_2^2$）から出発し，図 3.3 の線（SS と AS）を出発物質の軌道のほうへ向かってたどっていくと，ここでも二重に励起された状態（$\pi_1^2 \pi_3^{*2}$）に到達する．両方の状態はともに 2 乗項から成り立っているので，再び対称である．

仮に，分子がきわめて大量のエネルギーをもっているとして，どちらかの方向に向けてこれらの反応経路をたどっていこうとしたとしよう．しかし，同じ対称性の状態は交差できないというルールによって，この反応は阻止されるだろう．実際には仮想的な反応は基底状態から基底状態へと進むことになろうが，そのためには非常に大きなエネルギー障壁を乗り越えなければならない．この障壁は，図3.4におけるEの線で表されている．この障壁こそが，禁制の[2+2]環化付加反応がなぜこうも難しいかについて，納得のいく説明を与えてくれるのである．すなわち，この障壁を乗り越えるのに必要なエネルギーは，電子励起エネルギー（electronic excitation energy）の大きさに匹敵するほどなので，通常の熱反応で供給できる水準と比べ，はるかに大きいのである．

訳者注 量子力学の一般原理により，「同じ対称性をもつ軌道あるいは電子状態の電子ポテンシャルエネルギー曲線は交差してはならない」とされている．これを"非交差則(non-crossing rule)"と呼ぶ．

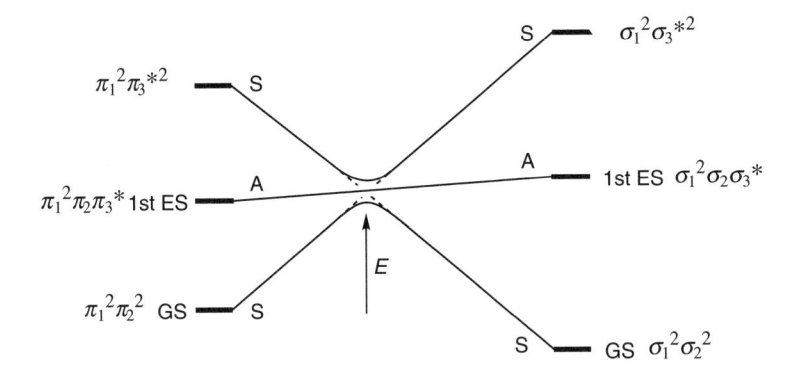

図3.4
[2+2]環化付加反応における状態相関図
対称性の相関により課されたエネルギー障壁Eが示されている．1st ES：第一励起状態，GS：基底状態．

ここで，第一励起状態（first excited state：1st ES）$\pi_1^2\pi_2\pi_3^*$に注目してみよう．これは，π_2からπ_3^*への一電子励起によって生じる．図3.3において被占軌道（occupied orbital, SS）と二つの半占軌道（half-occupied orbital, SAとAS）からの線をたどっていくと，右側の第一励起状態（$\sigma_1^2\sigma_2\sigma_3^*$）にたどりつく．図3.4の状態相関図では，これらの状態は両方とも反対称なので，これらの状態を結びつける線があり，これは基底状態の相関の時に排除した交差点のそばを通っている．Eの値は電子励起エネルギーに相当するほどなので，確かに大きいものである．また，それによって，光化学的[2+2]環化付加反応がなぜ許容であるかがわかる．すなわち，第一励起状態の軌道に収容されている電子は，円滑に生成物

訳者注 $\pi_1^2\pi_2\pi_3^*$の状態は，π_1^2はSであり，π_2には1個の電子しか入っていないので，第一の面についてはS，第二の面についてはAとなる．π_3^*についても，占有電子は1個だけなので，第一の面についてはA，第二の面についてはSとなる．$\pi_2\pi_3^*$を組み合わせると，第一の面についてはS×A＝A，第二の面についてもA×S＝Aとなり，$\pi_2\pi_3^*$の状態はAである．したがって第一励起状態$\pi_1^2\pi_2\pi_3^*$はS×Aとなり，反対称である．$\sigma_1^2\sigma_2\sigma_3^*$についても，同様に反対称となる．

の第一励起状態へと移行していく（図3.4の出発物質の1st ES と生成物の1st ES を結ぶ線を見よ）．これはもちろん，反応がここで終結することを意味しているわけではなく，σ_3^* に入った電子はどうにかして σ_2 へ落ち，基底状態に落ちつかなければならない．それにともない，大きなエネルギーが放出されるが，それも決して単純な過程ではない．ここで理解すべきことは，エチレンの二量化反応について，基底状態の反応で見られたような対称性に由来する反応障壁は，光化学反応では存在しないということである．

こうして相関図によって，禁制であると呼ばれる反応がなぜ進みにくいか，説得力のある考えが得られた．もちろん，原則的にはどの禁制反応も起こりえないというわけではない．ただ，これらの反応には対称性に由来する非常に大きな反応障壁があり，これほどの障壁を乗り越えるには，何らかの特別な要素が必要というわけである．そうはいっても，相関図の作成には熟考を要するし，また少なからず厄介でもある．いかに満足すべき結果を与えようとも，これは日常的に用いるようなものではない．

3.5 Woodward–Hoffmann 則の環化付加反応への適用

相関図をもとに，厄介な手続きで導きだされた結論は，幸いにも，いわゆる Woodward–Hoffmann 則というルールによって，もっと簡単に導くことができる．このルールは，上述の考え方の本質を，すべてのペリ環状反応を支配する二つのルールにまとめたものである．一方は熱的反応 (thermal reaction) に関するものであり，他方は光化学的反応 (photochemical reaction) に関するものである．こうしたルールの正当性は相関図を描いてみれば明白であるが，もはやこうした図を作成する必要もない．この章では，このルールの適用方法を，前章で述べた環化付加反応への応用を例として，説明しよう．これ以後の章では，これらのルールが他のペリ環状反応にどのように適用できるかについて述べる．熱的反応のルールは以下のとおりである．

熱的なペリ環状反応における Woodward–Hoffmann 則

> 基底状態のペリ環状型反応が対称許容 (**symmetry-allowed**) となるのは，$(4q+2)_s$ と $(4r)_a$ 反応成分の総数が奇数の場合である．

環化付加反応の**反応成分**（component）という用語は，十分明らかであろう．この章ではこれまで，この用語を，変化を受ける中心的電子系という意味で使ってきた．Diels-Alder 反応の場合であれば，反応成分とは 4 電子を含むジエンの π 軌道と 2 電子を含む親ジエン体の π 結合という意味である．反応に直接関与しない置換基は，例によってすべて無視する．ここでは，二つの項目をチェックする必要がある．それは，(1) どの反応成分がスプラ面型で，どの反応成分がアンタラ面型であるか，(2) 電子数に関してこれらの反応成分のうち，どれが $(4q+2)$ 型で，どれが $(4r)$ 型であるか（q, r は整数），ということである．周知のように，Diels-Alder 反応については **3.15** の破線のように，両反応成分ともにスプラ面型で結合が生成するので，最初のチェック項目の答えは"両方がスプラ面型"ということになる．

ジエンは 4 電子をもっているので，第二のチェック項目については $(4r)(r=1)$ の形で表せる．ジエンの下面の 2 本の破線が示すように，ジエンに関して新しい結合はスプラ面型で形成されるので，ジエンは $(4r)_s$ 成分である．一方，親ジエン体の電子数は 2 なので，$(4q+2)(q=0)$ の形で表される．親ジエン体の上面で形成されつつある二つの結合からわかるように，親ジエン体に関しても結合形成はスプラ面型であり，これは $(4q+2)_s$ 成分である．こうして二つのチェック項目，すなわちスプラ面型の $(4q+2)$ 成分がいくつあるか，アンタラ面型の $(4r)$ 成分がいくつあるかを調べ，その二つの答えをまとめてみよう．Diels-Alder 反応では $(4q+2)_s$ 成分は一つ，$(4r)_a$ 成分はない．なお，$(4q+2)_a$ 成分や $(4r)_s$ 成分は，たとえあったとしても考えにいれないことにする．したがって，$(4q+2)_s$ 成分と $(4r)_a$ 成分の合計は 1 である．これは奇数なので，反応は対称許容であると結論される．

3.15 に示す Diels-Alder 反応は，これまでにもそう呼んできたように [4+2] 環化付加反応である．この反応は両反応成分についてスプラ面型で進行するので，そうした情報をもう少し盛り込んで，[4_s+2_s] 環化付加反応と表すこともある．さらに，両反応成分が π 系なのですべてを記述すると，[$_\pi 4_s+_\pi 2_s$] 環化付加反応となる．このような $_\pi 4_s$ や $_\pi 2_s$ などの表示を **3.15** の図中の適切な反応成分のそばにメモしておくと，反応で何が起こっているかを理解する助けとなる．また，$(4q+2)_s$ と $(4r)_a$ の数，そ

$(4q+2)_s$ と $(4r)_a$ の意味：

$_\pi 4_s$

$(4q+2)_s$ の数：$\underline{1}$
$(4r)_a$ の数：$\underline{0}$
合計：$\underline{1}$
奇数，よって許容

$_\pi 2_s$

3.15

してその総計もメモしておくと，対称性の点で許容か否かをチェックが済んでいるかどうかを示すことができる．

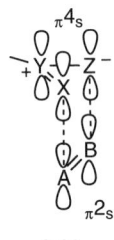

　Diels-Alder 反応を $[_\pi 4_s+_\pi 2_s]$ と記述することは，これまでの名前を駆逐してしまうという意味ではない．この反応だけが $[_\pi 4_s+_\pi 2_s]$ 型の反応ではないので，Diels-Alder 反応という名前は依然として必要だからである．1,3-双極環化付加反応 **3.16** も同様に $[_\pi 4_s+_\pi 2_s]$ 型反応であり，これ以外にも，アリルアニオンとアルケン，ジエンとアリルカチオン，およびペンタジエニルカチオンとアルケンなどの組合せもまた $[_\pi 4_s+_\pi 2_s]$ 型反応である．さらに，Diels-Alder 反応を記述するのに $[_\pi 4_s+_\pi 2_s]$ 以外のやり方もある．たとえば，ジエンを一つの反応成分と見ずに，二つの独立した π 結合として取り扱ってみよう．このやり方は余計な手間がかかるが，やはりルールに合っていることがわかる．**3.17** を例として，このことを考察してみよう．C-2 の下側のローブと C-3 の下側のローブの間に，形成されつつある π 結合の軌道の重なりを表す破線を描く．こうすることによって，C-1 と C-2 との間の π 結合は下側のローブに破線があり，C-3 と C-4 との間の π 結合も破線は下のローブにあることになり，三つの反応成分（ジエンの二つの π 結合と親ジエン体）すべてがスプラ型であることがわかる．いいかえれば，ジエンの二つの π 結合はともにスプラ面型の結合形成を行うことになり，また，親ジエン体の π 結合についても同じことがいえる．全体的には合計三つの $(4q+2)_s$ 成分があることになり，これは奇数なので，許容反応であると結論される．こうして，この反応は $[_\pi 2_s+_\pi 2_s+_\pi 2_s]$ 環化付加反応と表現される．

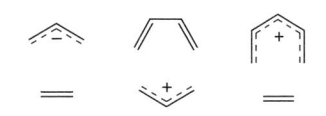

3.16

$[_\pi 4_s+_\pi 2_s]$ 以外の方法でも Diels-Alder 反応を表示することができる．

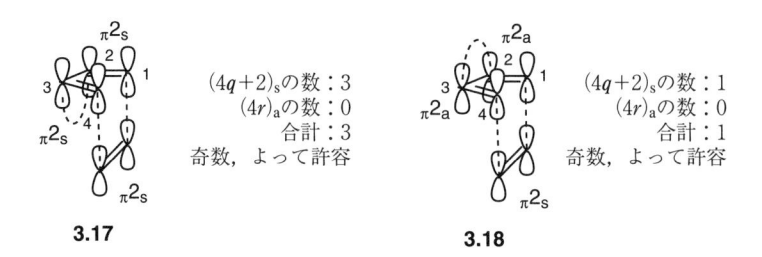

3.17　$(4q+2)_s$ の数：3　$(4r)_a$ の数：0　合計：3　奇数，よって許容

3.18　$(4q+2)_s$ の数：1　$(4r)_a$ の数：0　合計：1　奇数，よって許容

訳者注　**3.18** においては，C-1 と C-2 との間の π 軌道で見ると，C-1 は下側のローブで，C-2 は上側のローブで，それぞれ結合が形成されつつある．よってこれはアンタラ面型である．C-3 と C-4 についても同様．

　まったく同じ反応を別の方法で表現するために，**3.18** を描き，破線を C-2 と C-3 の上側のローブの間に位置させてみよう．こうするとジエンの二つの π 結合はそれぞれ新たな結合形成に関し，形式的にはアンタラ

面型で反応するということになる．これも上述の表記法と同じく有効であり，合計をとると$(4q+2)_s$成分が奇数で，$(4r)_a$成分はない．二つの$_\pi 2_a$成分は2電子ずつもっているので$(4q+2)$ではあるが，$(4q+2)_a$は数えない．したがって，この場合の表記法は[$_\pi 2_s+_\pi 2_a+_\pi 2_a$]環化付加反応となる．明らかにこれらの三つの表記法，すなわち[$_\pi 4_s+_\pi 2_s$]，[$_\pi 2_s+_\pi 2_s+_\pi 2_s$]，[$_\pi 2_s+_\pi 2_a+_\pi 2_a$]は同じ反応を表現したものであり，これらのどれか一つがDiels–Alder反応と一対一に対応するわけではない．実際，これらの三つの表記法は，三つの図 **3.15**，**3.17** および **3.18** に破線が描かれて初めて意義をもつものであり，どんな反応についても，こうした図なしに，このような記述をするべきではない．ここでは，スプラ面型およびアンタラ面型という用語を 26 ページの図 2.7 で定義したのと同様な意味で用いているが，これらの用語は，反応ではなく図についての呼称であることに注意したい．

多くの可能性のうちの四番目は **3.19** であるが，これは別の反応である．左後方にある破線は，C-2 の上側のローブから下側へ回り込み，C-3 の下側のローブに重なろうとしていることを示している．これは実際には起こらない．もし起こったとすると，生成物のシクロヘキセンの中には *trans* の二重結合ができることになってしまうからである．このような立体的な制約からだけでなく，この反応は各反応成分の合計をとってみればわかるように，禁制反応でもある．すなわち，$(4q+2)_s$成分が二つある．三つの図 **3.15**，**3.17**，**3.18** を見ると，軌道の重なりを表す破線は，結構いい加減に引いてもよいかのように思えるかもしれないが，実際に生じつつある重なりを示さなければいけない．このことは，これらの三つの図では正しく守られている．すなわち，これらは二つの σ 結合が形成される際に π 結合にスプラ面型で攻撃が起こること，および C-2 と C-3 との間にねじれを生じることなく π 結合が形成されるという点で共通している．

よく起こる混乱を避けるため，以下の注意をしておきたい．

- $_\pi 4_s$ や $_\pi 2_s$ のような表示は，**反応成分**に対して適用しなければならない．両端のローブについている破線をもとにスプラ面型かアンタラ面型かを判断しようとする前に，隣りあう p 軌道だけでなく，確かに反応成分に注目していることを確認する必要がある．よくある間違いは，**破線**の両

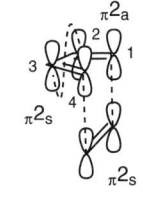

$_\pi 2_a$

$_\pi 2_s$

$_\pi 2_s$

$(4q+2)_s$の数：2
$(4r)_a$の数：0
合計：2
偶数，よって禁制

3.19

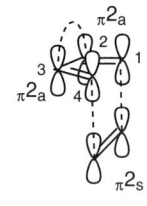

端に注目してしまうことである．たとえば，**3.18**(左に再掲)で，C-2とC-3の上側にあるローブを結ぶ破線を見て，これをスプラ面型と呼んでしまう，といったたぐいである．もし，ここに注目しているとしたら，C-2とC-3の間の結合は反応成分ではないことに気づいてほしい．反応成分は，C-1とC-2の間のπ結合と，C-3とC-4の間のπ結合である．$_\pi 2_s$などという表示を該当する反応成分のそばに書き，また一つの反応成分として最も長い共役系をとることにすれば，この混乱はかなり避けられる．

- $[_\pi 4_s + _\pi 2_s]$反応の各反応成分の電子数は，正解に至るための鍵である．したがって，4や2という数字はフルサイズで行に正しく書くべきである．スプラ面型かアンタラ面型かを示すsやaという文字，また，すぐ後に述べるπやσという文字は添字として下つきの小文字にしたい．こうした添字がフルサイズで書かれる傾向があり，本によっては$[\pi_{4s}+\pi_{2s}]$やその他のいろいろな変法が使われている．これでは，皮肉にも，一番重要でない側面が一番強調されてしまうことになる．反応は，何にもまして[4+2]環化付加反応であることを忘れてはならない．

- 反応がルールに従っているかどうかを判断する時には，軌道に位相の陰影をつけるのは不適切である．今考えているルールは，フロンティア軌道理論とは異なる．**3.15**のような解析では，どれか特定の軌道を取りあげているわけではない．原子のどちら側で新たな結合形成が起こりつつあるかを破線で明示してあれば，実際にローブを描く必要はまったくない．

- もし遷移構造をリアルに描き，いかにも新たな結合が形成されそうに軌道の重なりを描くことができたら，ことは半分済んだも同然である．

これまでは，スプラ面型，アンタラ面型という用語をπ系についてのみ定義してきた(図 2.7，26ページ)．しかし，Woodward–Hoffmann 則において，σ結合の取扱い方を見ておく必要がある．π結合におけるスプラ面型の反応が，二つのローブのともに上側で軌道の重なりが発達して結合が生じる，としたように，σ結合についても図 3.5(a)(次ページ)のように同様な定義をする．すなわち，sp^{3}混成軌道の二つの大きなローブの間で起こる重なりをスプラ面型と称する．ややわかりづらいかもしれないが，二つの小さなローブの間で起こる軌道の重なりもスプラ面型

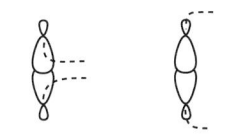

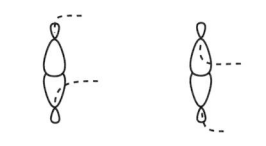

3.5 Woodward–Hoffmann則の環化付加反応への適用

(a) スプラ面型の結合形成　　　(b) アンタラ面型の結合形成

図3.5
σ結合におけるスプラ面型とアンタラ面型の定義

と呼ぶ．π系の二つの下側のローブで発達する軌道の重なりに相当すると思えばよい．一方，アンタラ面型の重なりとは，図3.5(b)のように一つの結合が大きなローブで，他方が小さなローブで形成されるものであり，これにも可能性がもう一つある．

σ結合の関与する反応として，逆 Diels–Alder 反応 **3.20** に注目してみよう．ここでは，三つの反応成分（二つの σ 結合と一つの π 結合）を考慮する．やはりこの反応の表現法にも等価な方法がいくつもあるが，そのうちの二つ，**3.21** と **3.22** に限って見てみよう．ここで注意したいことは，破線が注目すべき立体化学に対応していることである．これは，正方向の Diels–Alder 反応が両方の反応成分に関してスプラ面型で反応することに対応するもので，実験的に確かめられている．

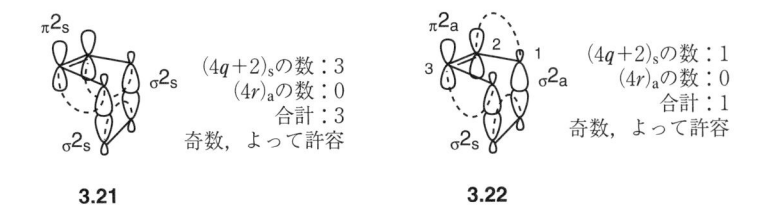

3.20

$_\pi2_s$　$_\sigma2_s$　　$(4q+2)_s$ の数：3
　$_\sigma2_s$　　　　$(4r)_a$ の数：0
　　　　　　　　合計：3
　　　　　　　　奇数，よって許容

3.21

$_\pi2_a$　$_\sigma2_a$　　$(4q+2)_s$ の数：1
　$_\sigma2_s$　　　　$(4r)_a$ の数：0
　　　　　　　　合計：1
　　　　　　　　奇数，よって許容

3.22

3.21 の方法では，スプラ面型の反応成分だけが関与している．π結合については破線が両方とも下側のローブについているし，両方の σ 結合にも破線は二つの大きなローブについている．この表現法では，この反応は [$_\pi2_s+_\sigma2_s+_\sigma2_s$] 型の逆環化付加反応ということになる．もう一つの **3.22** に示したやり方では，C-1 と C-2 の間で起こる軌道の重なりを表すのに，上側のローブを破線で結んでいる．これによると，C-3 へと伸びた破線は前と変わらず下側のローブからでているが，C-2 へはこれが上側から結びついているので，この π 結合は $_\pi2_a$ の反応成分となる．手

前の σ 結合は相変わらず $_\sigma 2_s$ であるが，向こう側の σ 結合では，一方の破線は大きなローブに，もう一方は小さなローブについているので，これは $_\sigma 2_a$ である．この図式の反応は $[_\pi 2_a + _\sigma 2_s + _\sigma 2_a]$ の逆環化付加反応に相当するので，もちろん同じく許容である．前述のように，こうした表記法は反応を規定するのではなく，図を定義するものなのである．

次に，環化付加反応において，もう少し長い共役系を取り扱ってみよう．22 ページの **2.66** に示したのはペンタジエニルカチオンとアルケンとの環化付加反応であるが，これは **3.23** のように $[_\pi 4_s + _\pi 2_s]$ 環化付加反応として表すことができる．また，トロポン **2.76** のシクロペンタジエンへの[6+4]環化付加反応(23 ページ)は，**3.24** のように $[_\pi 6_s + _\pi 4_s]$ 環化付加反応として表すことができる．

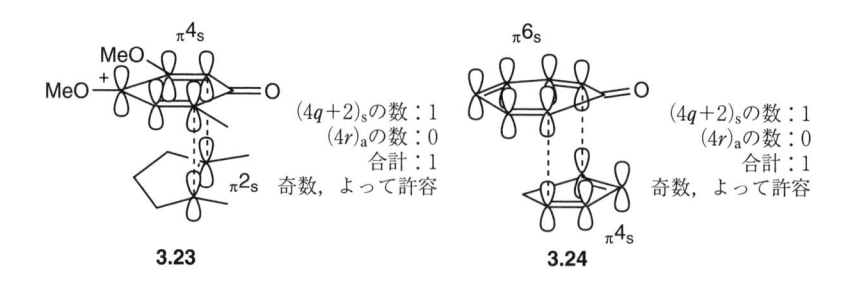

$(4q+2)_s$ の数：1	$(4q+2)_s$ の数：1
$(4r)_a$ の数：0	$(4r)_a$ の数：0
合計：1	合計：1
奇数，よって許容	奇数，よって許容

3.23　　　　　　　　**3.24**

簡単なルール．適用するには，注意を要する例もある．

こうした破線を引く際には，一般に，なるべく多くのスプラ面型反応成分をとるようにするとよい．なぜなら，ルールをさらに簡単化できるからである．もし，反応に関与する**総電子数**が$(4n+2)$であったとすると，すべてがスプラ面型の反応は **3.21** のように許容となる．このことは，前章(25 ページ)で述べた"簡単なルール"と同じ結論となるが，これまで見てきたペリ環状反応のかなりの部分，とくに環化付加反応に対して適用することができる．一方，総電子数が$(4n)$である場合には，一つ(唯一)の成分がアンタラ面型であれば許容となる．なるべく多くの反応成分がスプラ面型になるように破線を引けば，他のほとんどすべてのペリ環状反応にも，このルールが適用できる．この一般的なルールを用いると，ある反応が許容であるかどうかを速やかに判断できる．もし，複雑な反応系であれば，すべての反応成分について，より厳密に解析し，チェックすればよい．本書では，これ以降の反応解析において，できる限りス

プラ面型の反応成分を用い，アンタラ面型の反応成分が介入しないようにする．

下に示す **3.25** は，おそらくペリ環状反応の理論の最も輝かしい成功の一つといえよう．すなわち，テトラシアノエチレンのヘプタフルバレンへの[14+2]環化付加反応である．関与する電子数が 16 なので (8 本の曲がった矢印)，この反応は，一見禁制であるかのように思われる．16 は 4 の倍数 ($4n$) であり，反芳香族性に相当する数字だからである．しかし，どちらかの反応成分がアンタラ面型で反応できれば，許容となる．明らかにヘプタフルバレンは，七つの二重結合による共役系が存在するが，この共役系を損なうことなく，ある程度柔軟に動くことができる．付加体 **3.27** における二つの水素は互いに *trans* の関係にあることから，ヘプタフルバレンは **3.26** に示すようにアンタラ面型で攻撃を受けたことがわかった．破線は，軌道の重なりが一方は上側のローブ，他方は下側のローブに対して発達する様子を示しており，これによりヘプタフルバレンは $_\pi 14_a$ の反応成分となる．すなわち，これは [$_\pi 14_a + _\pi 2_s$] の許容の環化付加反応なのである．

$(4q+2)_s$ の数：1
$(4r)_a$ の数：0
合計：1
奇数，よって許容

3.25 **3.26** **3.27**

光化学的反応に関するルールは，単に熱的反応の逆であると考えればよい．すなわち，

> 第一励起状態におけるペリ環状反応が対称許容となるのは，$(4q+2)_s$ と $(4r)_a$ 反応成分の総数が偶数の場合である．

光化学的なペリ環状反応における Woodward–Hoffmann 則

光化学反応のうち，どれくらいのものが実際にペリ環状的に進行しているかは不明であり，また，それを通常の物理有機化学的手法で証明す

ることも容易ではない．明らかなことは，きわめて多くの光化学反応が実際にこのルールに従って進行するということである．したがって，それらの反応の中には，鍵となる段階でペリ環状的な性格を帯びているものもあるように思われる．ここで，[2+2]環化付加反応において可能な2種類の空間的な関係を見てみよう．すなわち，一つには**3.28**のように両方の反応成分がスプラ面型で反応する様式がある．あるいは，**3.29**のように，一つの反応成分はスプラ面型で，他の反応成分はアンタラ面型で反応する様式もありうる．最初の**3.28**は$[_\pi 2_s +_\pi 2_s]$環化付加反応であり，$(4q+2)_s$反応成分は偶数個で，$(4r)_a$反応成分はない．したがって，これは熱的には対称禁制であるが，光化学的には対称許容である．二番目の**3.29**は，$[_\pi 2_s +_\pi 2_a]$環化付加反応であり，$(4q+2)_s$は一つなので，熱的に許容である．しかし，実際には軌道同士の接近がうまく起こらない．

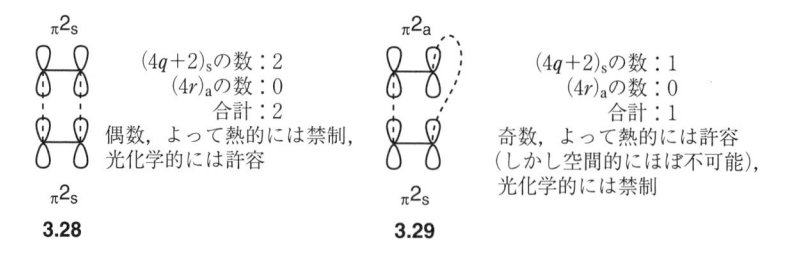

$_\pi 2_s$

$(4q+2)_s$の数：2
$(4r)_a$の数：0
合計：2
偶数，よって熱的には禁制，
光化学的には許容

$_\pi 2_s$

3.28

$_\pi 2_a$

$(4q+2)_s$の数：1
$(4r)_a$の数：0
合計：1
奇数，よって熱的には許容
（しかし空間的にほぼ不可能），
光化学的には禁制

$_\pi 2_s$

3.29

次節では，この[2+2]環化付加反応の様式をよく考慮しながら，見かけ上は禁制であるが，温和な熱的条件で進行する，例外的な[2+2]環化付加反応について述べる．

3.6　いくつかの例外的な[2+2]環化付加反応

一連の例外的な反応として，ケテンとアルケンとの反応がある．この種の反応は，ペリ環状反応に特有の様相を示す．たとえば，二重結合の配置に関し，立体特異的にシン(*syn*)で付加する（したがって，少なくとも一方の反応成分についてはスプラ面型である）．具体例として，シクロオクテンの立体異性体**3.30**と**3.32**から，シクロブタノンのジアステレオマー**3.31**と**3.33**がそれぞれ得られる反応がある．

一方，立体特異性が完璧でない例もある．ケテンの環化付加反応は，

3.6 いくつかの例外的な[2+2]環化付加反応

多くの場合, アルケンが強力な電子供与性基をもつ場合にのみ起こる. したがって, ケテンの環化付加反応の多くは, **3.34** のような双性イオン中間体を経由した段階的なイオン的機構によって合理的に説明できる. この種の反応の中には, ペリ環状反応と思われるものもあり, またそうでなさそうなものもある. おそらく, 二つの反応機構の境目はあいまいである. 一方の結合形成が他方よりも相当に先行すれば, 仮に軌道の対称性はあったにせよ, 実際上は失われてしまう. しかし, もしペリ環状反応であるとすると, 対称性に由来する障壁をどのように克服するのだろうか.

一つの考え方は, **3.35** のように, 二つの分子が接近するにあたり, ケテンに関してアンタラ面型で軌道の重なりが進む, というものである. こうすれば, これまで可能性が低いとしてきたこの反応は, 許容の[$_\pi2_s+_\pi2_a$]となる. この説明は最も簡単なものであるが, 満足すべきものではない. なぜなら, アルケンやアルキンでも, こうしたπ系同士の接近を考えれば, 立体障害の点でほぼ同等な遷移構造に到達できそうなものであるが, 実際には環化付加反応は起こらないからである.

ケテンの[2+2]環化付加反応が協奏的であるらしいことは, むしろケテンが互いに直交した二つのπ軌道をもつという事実に由来する可能性もある. **3.36** のように直交した軌道にも重なりが生じうるし(破線を見よ), しかも, 実線のように直交した隣接軌道の間にも情報のやりとりがある. これは, 電子の関係を環状にする, すなわちペリ環状反応にするための, やや工夫をこらした正当な方法である. この考え方によると, この反応は[$_\pi2_s+_\pi2_a+_\pi2_a$]環化付加反応となる. 本質的なことは, ケテンがアルケンに対して 90°ねじれた軌道を使い, アンタラ面型の反応成分の役割を果たす点にある. この考え方を進めると, この反応に対する最も簡単な視点として, **3.36** の実線部分を除き, 鍵となる σ 結合の形成にのみ注目する考え方がでてくる. これにより, 対称性に由来する障壁

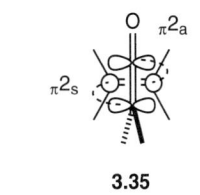

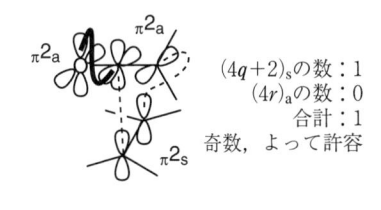

が取り除かれる．なぜなら，反応はもはや厳密な意味ではペリ環状反応とは見なせないからである．二つの結合形成はある程度協奏的であろうが，あくまで独立に，対称性の保存にかかわらずに起こることとなる．

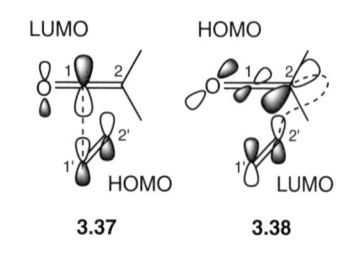

これをフロンティア軌道理論で取り扱うと，満足すべき結果が得られる．すなわち，C-1 と C-1' との間の結合形成は **3.37** のようにおもにケテンの LUMO（C=O 基の π^* 軌道）とアルケンの HOMO との相互作用に始まるものであり，一方，C-2 と C-2' との間の結合形成は **3.38** のように，おもにケテンの HOMO（アリルアニオンの場合に述べたような三つの原子軌道の線型結合の ψ_2）とアルケンの LUMO との相互作用に由来したものであると見なせばよい．

ケテンの環化付加反応と関連した反応として，ビニルカチオン中間体を経由する一連の反応がある．たとえば，Smirnov–Zamkov 反応(40 ページ)に見られるカチオン **2.170** のようなものである．その他の例としては，アレンと塩化水素との反応で生じたビニルカチオン **3.39** が，別のもう一つのアレン分子と環化付加してシクロブチルカチオン **3.40** を生じるという反応がある．ビニルカチオンにはケテンと同様に二つの互いに直交した π 軌道があるので，**3.41** のような軌道の重なりが可能である．ある意味では，ケテンは特殊なビニルカチオンの例にすぎないともいえ，いわばカルボニル基の存在によって非常に安定化されたカルボカチオンとも見なすことができる．

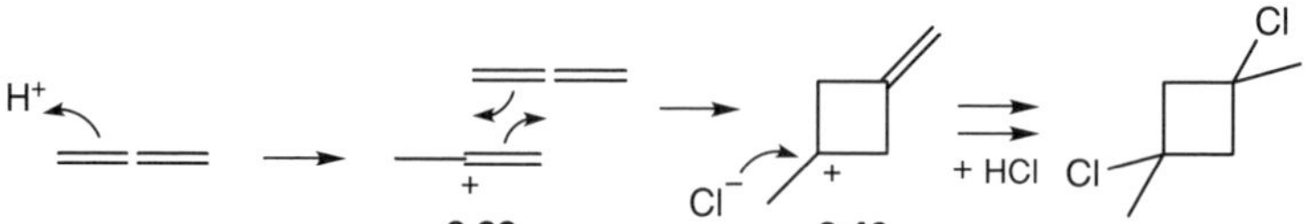

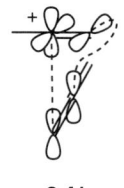

有機金属化合物の反応の中にも，見かけ上ルールに反するものがいくつかあるが，これらも同様に説明することができる．ヒドロメタル化反応，カルボメタル化反応，メタロメタル化反応，およびオレフィンメタセシス反応は，すべてアルケンやアルキンについて立体特異的にスプラ面型で進行する点で共通している．ヒドロホウ素化反応 **3.42** を例にとり，曲がった矢印を描いてみると，これは σ 結合の π 結合への環状付加

反応であることがわかり，両反応成分ともにスプラ面型であるので，この経路は禁制である．しかし，その一方で，これはホウ素原子の求電子攻撃に始まる段階的な反応ではないこともわかっている．なぜなら，電子供与性置換基をもったアルケンと反応させても，求電子剤とアルケンとの反応に通常見られるような反応の加速が観測されないからである．求電子攻撃と同時に，ある程度協奏的にヒドリドの攻撃が起こっているに違いない．ホウ素の空のp軌道が求電子中心であり，B–H結合の水素のs軌道が求核中心である．これらの軌道同士は互いに直交しているので，この環状付加反応は，正しくはペリ環状反応ではない．フロンティア軌道をもとにした図 **3.43**, **3.44** を見ると，さらに二つの結合が独立に形成されているという考え方がもっともらしく思われてくる．ここで前者の図はホウ素の求電子攻撃を，後者はボランの求核攻撃を表している．

訳者注 「環状付加反応」という用語については，4ページの訳者注を参照．

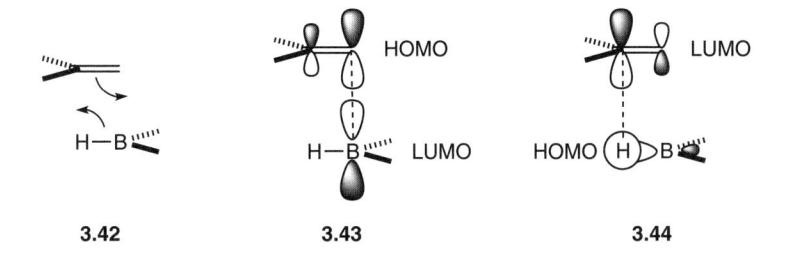

3.42　**3.43**　**3.44**

もう一例，例外的な環化付加反応を見ておきたい．それはカルベンのアルケンに対する挿入反応である．6電子のキレトロピー反応（41ページ）は，問題なく許容のペリ環状反応である．これまで学んできた要領でこれを分類すると，**3.47** のようにジエン **2.179** に対して二酸化硫黄がスプラ面型で付加する反応，およびその逆反応ということになる．同様にして，**3.48** のごとくトリエン **2.180** に対する二酸化硫黄のアンタラ面型の付加反応，ならびにその逆反応を描くことができる．ここで新たに考慮すべき要素は，一つの軌道が孤立電子対であるという点である．これを σ 結合や π 結合と区別して示すために，ω という添字をつけて表示する．スプラ面型とアンタラ面型の定義は，**3.45** と **3.46** に示すとおりであり，電子を収容しているかどうかにかかわらず，すべての sp³ 混成

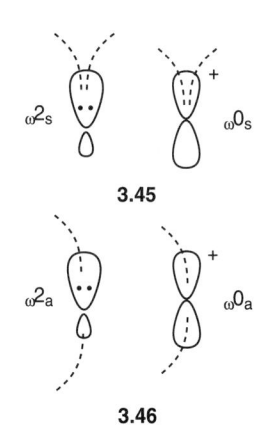

$\omega 2s$　$\omega 0s$

3.45

$\omega 2a$　$\omega 0a$

3.46

訳者注 ジエン **2.179**, トリエン **2.180** と二酸化硫黄との反応をここに再掲しておく.

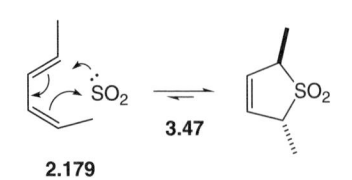

2.179 ⇌ **3.47**

2.180 ← **3.48**

軌道やp軌道に適用することができる.

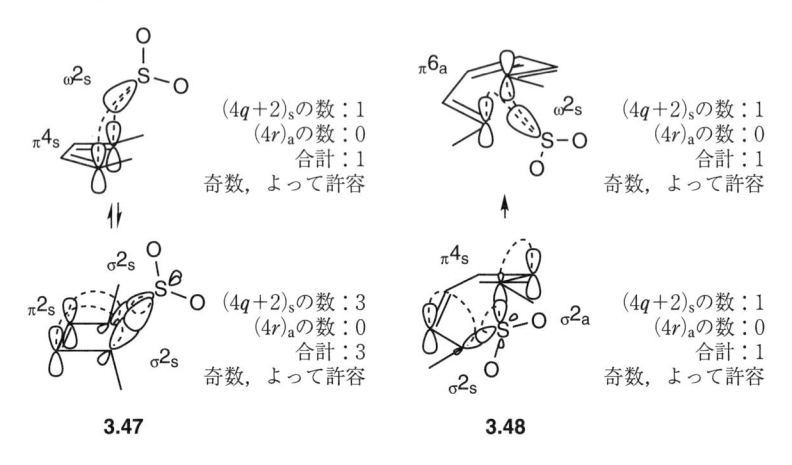

3.47
$\omega 2_s$, $\pi 4_s$
$(4q+2)_s$の数：1
$(4r)_a$の数：0
合計：1
奇数, よって許容

$\pi 2_s$, $\sigma 2_s$
$(4q+2)_s$の数：3
$(4r)_a$の数：0
合計：3
奇数, よって許容

3.48
$\pi 6_a$, $\omega 2_s$
$(4q+2)_s$の数：1
$(4r)_a$の数：0
合計：1
奇数, よって許容

$\pi 4_s$, $\sigma 2_a$
$(4q+2)_s$の数：1
$(4r)_a$の数：0
合計：1
奇数, よって許容

問題となるのは, ジクロロカルベン(41ページ)のような一重項カルベンのC=C結合に対する付加反応である. この反応は立体特異的にスプラ面型で進行することがよく知られているが, これが **3.49** → **3.50** に示すような直線的アプローチ, すなわちカルベンがその二つの置換基の配置を生成物におけるそれと同じくし, C=C結合の中央へまっすぐに接近していくという形で進行すると, 明らかに禁制のペリ環状反応になってしまう. なお, 上述の **3.47** や **3.48** も直線的アプローチではあるが, これらはいずれも許容である. なぜなら, 前者は総電子数(6)が(4n+2)であるので問題はないし, 後者はトリエンが柔軟な分子構造をもち, アンタラ面型の反応成分としてふるまうことができるからである. ジクロロカルベンの反応を説明する別のやり方として, 非直線的アプローチが登場する. すなわち, カルベンはアルケンに対して横向きに接近し, 二

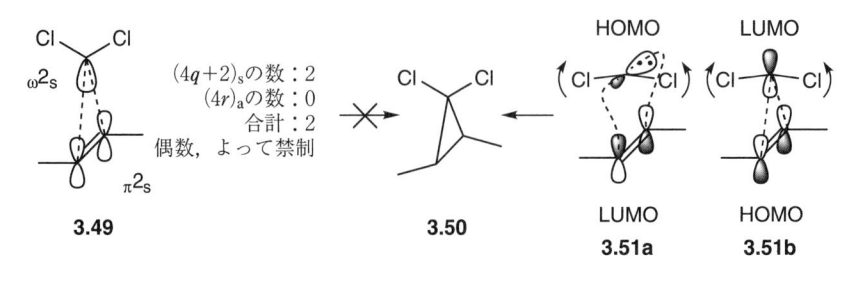

3.49
$\omega 2_s$, $\pi 2_s$
$(4q+2)_s$の数：2
$(4r)_a$の数：0
合計：2
偶数, よって禁制

3.50

3.51a HOMO / LUMO
3.51b LUMO / HOMO

カルベンの二重結合に対する直線的アプローチ　　　　非直線的アプローチ

つの置換基が反応の進行につれて上側に跳ね上がっていき，生成物 **3.50** の構造に移行していく，というものである．これを理解するには，フロンティア軌道 **3.51a** および **3.51b** を考えてみるとよい．ここで，カルベンのHOMOは孤立電子対であり，同じくLUMOは空のp軌道である．これらの軌道はそれぞれ，そのカルベンの横側から C=C 結合が接近してきた時には，その適切な分子軌道と位相が一致する（破線を見よ）．ここでも二つのσ結合の形成がカルベン上の二つの直交した軌道において別段階で起こると考えれば，この反応を厳密な意味でペリ環状反応に分類する必然性がなくなる．しかし，ケテンの場合と同様，直交した軌道同士を結びあわせて **3.52** のように考えれば，この非直線的アプローチをペリ環状反応の許容過程に分類することができる．こうすることによって，**3.47** や **3.48** のような反応をペリ環状反応に分類する一方で，明らかに関連した反応 **3.51** はペリ環状反応から除外する，といった矛盾を解消することができる．

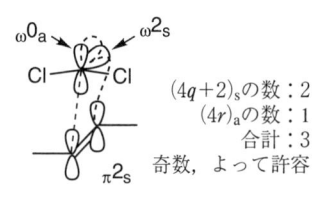

$(4q+2)_s$ の数：2
$(4r)_a$ の数：1
合計：3
奇数，よって許容

3.52

3.7 二次的効果

以上に述べた軌道対称性に由来する制約ほど強力ではないが，立体選択性，反応速度や位置選択性を左右する二次的な効果がいくつか存在する．ここでは，環化付加反応を例にとって説明する．なぜなら，こうした二次的効果が環化付加において最も支配的であり，また最も説明しやすいからである．

環化付加反応における立体選択性

立体選択性の問題の中で最も興味深いものの一つは，Diels–Alder 反応における Alder のエンド則である（31ページ参照）．有利な遷移構造 **2.110** および **2.113** では，電子求引性置換基が立体障害のより大きな環境にあるため，結果的に得られるのは熱力学的に不利な生成物 **2.111** および **2.114** である．このように，反応速度に対して，速度論的な効果（kinetic effect）が，通常の熱力学的な効果（thermodynamic effect）を上回る影響を与えるような反応は，それ自体興味深い．

最も簡単な説明は，フロンティア軌道理論が与えてくれる．後述するが，フロンティア軌道はジエンのHOMOおよび親ジエン体のLUMOで

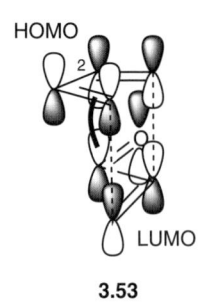

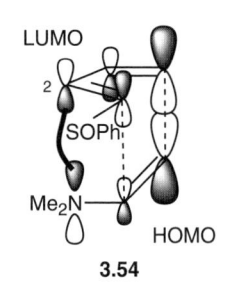

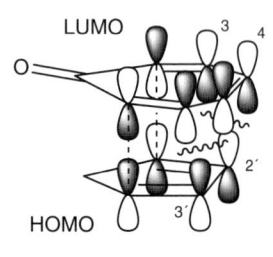

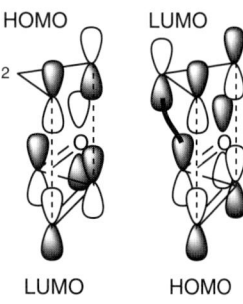

ある．前者はブタジエンの ψ_2 である．一方，後者はアクロレインの共役した四つのp軌道を例にとると，ブタジエンのLUMOである ψ_3^* と同じような位相パターンをもっている．これらの軌道をエンド型の反応 **3.53** が起こるのに適切な配置に置いてみると，通常の一次相互作用（破線）はルールに従っていることがわかる．これは，前に50ページの **3.3** で見たとおりである．しかし，ここで大事なことは，もう一つ結合性の相互作用があること，すなわち，ジエンのC-2の軌道と親ジエン体のカルボニル炭素の軌道との間の相互作用（太線に注目）である．これは二次軌道相互作用（secondary orbital interaction）と呼ばれ，結果的には結合形成には至らないものの，この相互作用の寄与のないエキソ型の反応の遷移構造との比較において，このエンド型の遷移構造をエネルギー的に低下させる．同様に，**2.117 → 2.118** の逆電子要請型の反応（32ページ）についても，こうした二次軌道相互作用 **3.54** の寄与が指摘されている．ただし，この反応が本当にペリ環状反応であるかどうかは，やや疑問ではある．

　二次軌道相互作用は，この他にも説明しにくい選択性の説明に用いられてきたが，フロンティア軌道理論自体と同様に，高次の理論的な試練に耐えたわけではない．現在でも引用されることが多いが，あくまで簡単な説明にとどまっており，必ずしも全貌を伝えているようには思えない．しかし，この説明は他の環化付加反応にも適用できる．たとえば，シクロペンタジエンとトロポンとの反応（30ページ）において伸長型遷移構造 **2.106** が有利である理由として，圧縮型遷移構造 **3.55** ではトロポンのC-3，C-4，C-5，C-6とジエンのC-2'，C-3' との間に反発的相互作用（波線）があることがもちだされる．同様に，**3.56** に示すアリルアニオンとアルケンとの間の相互作用は1,3-双極環化付加反応のモデルであるが，ここではアニオンのHOMO（C-2に節がある）と親双極子体のLUMOとの間には何ら二次軌道相互作用がない．あるのは，アニオンのLUMOと親双極子体のHOMOとの間の好ましい相互作用 **3.57** のみであるが，この組合せはエネルギー的に前者の組合せほど有利ではない．このことが双極環化付加反応においてエンド選択性が低い，あるいは，まったく見られないことの理由かもしれない．

環化付加反応の反応速度に及ぼす置換基効果

前章の冒頭に述べたように，Diels–Alder 反応では，親ジエン体に電子求引性の置換基があると，またジエンに電子供与性の置換基があると，反応速度が増大する．この傾向もまた，フロンティア軌道を用いれば容易に説明がつく．簡単にいえば，ジエンに電子供与性基を導入すると HOMO のエネルギーが上昇し，親ジエン体に電子求引性基を導入すると LUMO のエネルギーが低下するので，これらの軌道間のエネルギー差が縮まるのである．エネルギー的に近接した軌道同士の相互作用のほうが，互いに離れたものの相互作用よりも強いので，置換基がない場合よりも遷移状態のエネルギーは低いことになる．

「電子供与性基や電子求引性基の効果はこういうものなのだ」ということを単純に理屈なく受け入れるよりも，もう少し理論的な説明を加えることができる．それは，簡単な共役系分子軌道に基づく議論により，「電子供与性基は分子軌道のエネルギーを上昇させ，電子求引性基はこれを低下させる」と推論する方法である．ここで共役系の分子軌道エネルギーについて，短いほうから六つを取りあげて復習してみたい．次ページの図 3.6 のように，参照値として炭素の p 軌道（単独の p 軌道）から始め，ヘキサトリエン（六つの p 軌道から成る）に至るまで順次見ていこう．炭素数が 3 と 5 の場合については，イオン構造（カチオンとアニオン）を取り扱う．すぐにわかることは，共役系に含まれる軌道の数が増えるに従って，高い側のエネルギー準位は単調に上昇し，低い側の準位は単調に低下していくということである．

共役系に電子供与性基，あるいは電子求引性基が導入された時に，フロンティア軌道のエネルギーがいかに変化するかを評価するために，図 3.6 をもとにエネルギーの変化を図示してみよう（図 3.7）．無置換のジエンを図 3.7(a) の一番左側に，無置換の親ジエン体を図 3.7(b) の一番右側に描いた．まず，ジエンの C-1 位に電子供与性基 X が置換した時の効果を評価するため，最強の電子供与性基であるカルボアニオンから出発する．すなわち，C-1 位に X の置換したジエンのモデルとしてペンタジエニルアニオンを用い，そのエネルギー準位を図 3.7(a) の右側に描く．次に，置換基 X の電子供与性がカルボアニオンよりも劣るのであれば，その共役系の軌道エネルギーは，無置換のジエンのそれとペンタジエニル

訳者注 2 章においてと同様に，X を電子供与性の置換基，Z を電子求引性の置換基とする．

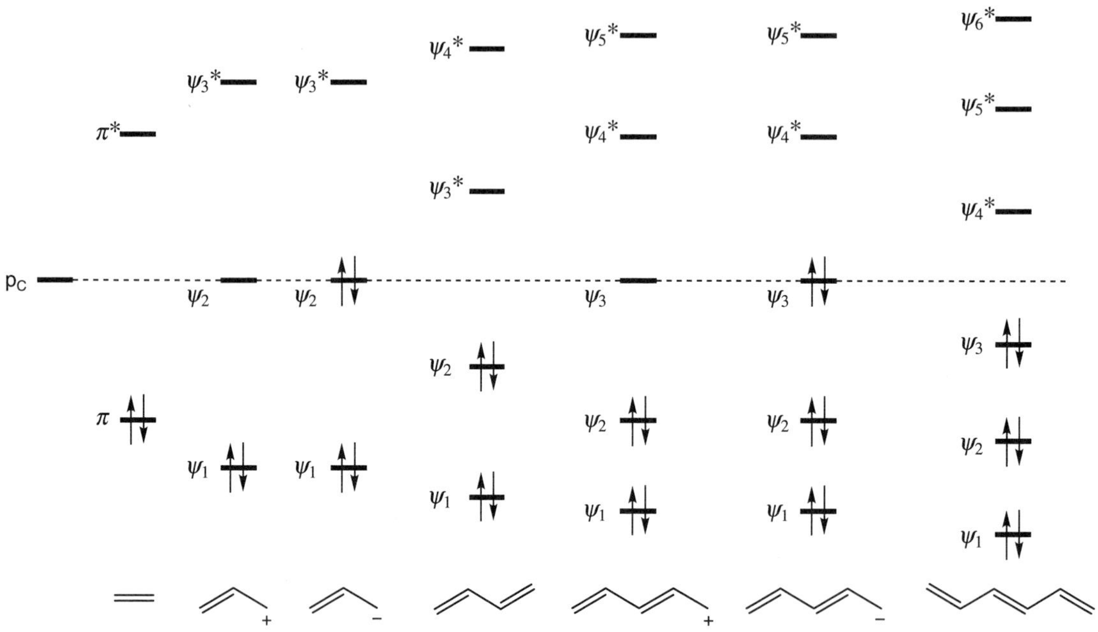

3章 Woodward–Hoffmann 則と分子軌道

図 3.6

アニオンのそれとの中間にくる,と仮定する.そうすると,そのフロンティア軌道の準位は,これらの両極端に相当するエネルギー準位の中間にあると予想されるので,これらの間をとった準位を図3.7(a)の真ん中の列に描く.こうして,Xの置換したジエンのHOMOのエネルギー準位は,すぐに無置換のジエンのそれよりも高くなることがわかる.

アルケンに電子求引性基Zが導入された場合,その効果を見積もることは,もう少しだけ複雑である.議論の出発点として,まず最強の電子求引性基がカルボカチオンであると考えてみよう.そこで極限的な例としてアリルカチオンを取りあげ,そのエネルギー準位を図3.7(b)の左端に描くことにする.ここで,ほとんどの電子求引性基(たとえばカルボニル基,シアノ基,ニトロ基など)は,単に電子求引的というばかりではなく,同時に共役の効果をもたらす.極限的な例としてこうした共役効果のみを示し,電子求引的な性質を示さない基としては,無置換のアルケンよりも,むしろブタジエンによって最もよくモデル化することがで

きる．たとえば，アクロレイン **3.59** は，アリルカチオン **3.58**（これはオキシアニオン置換基を無視した形に相当する）の性質と，酸素原子の電気陰性度を無視することによって共役の効果のみを評価したブタジエン **3.60** の性質，の中間のどこかに，その実体があると見なすことができる．そこで，図 3.7(b) の三番目の列にはブタジエンの軌道を描き，前と同様に，Z 置換のアルケンのフロンティア軌道はアリルカチオンとブタジエンの対応するエネルギー準位の中間のどこかに位置すると予測することにしよう．そうすると，置換基 Z がついたアルケンの LUMO は，一番右の無置換アルケンの LUMO の準位よりも相当低いことに気づく．これは，共役の効果，すなわちブタジエンの ψ_3^* は無置換アルケンの π^* よりすでに低いエネルギー準位にあること，これに加えてアリルカチオンとの類似性から，なおいっそうのエネルギー低下がもたらされることによる．こうして，置換基 X の導入によってジエンの HOMO のエネ

3.58   **3.59**   **3.60**

(a) C-1 位の電子供与性置換基 X によるジエンの HOMO のエネルギー準位の変化

(b) 電子求引性置換基 Z による親ジエン体の LUMO のエネルギー準位の変化

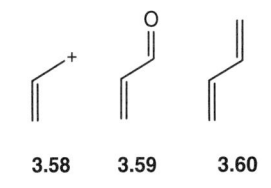

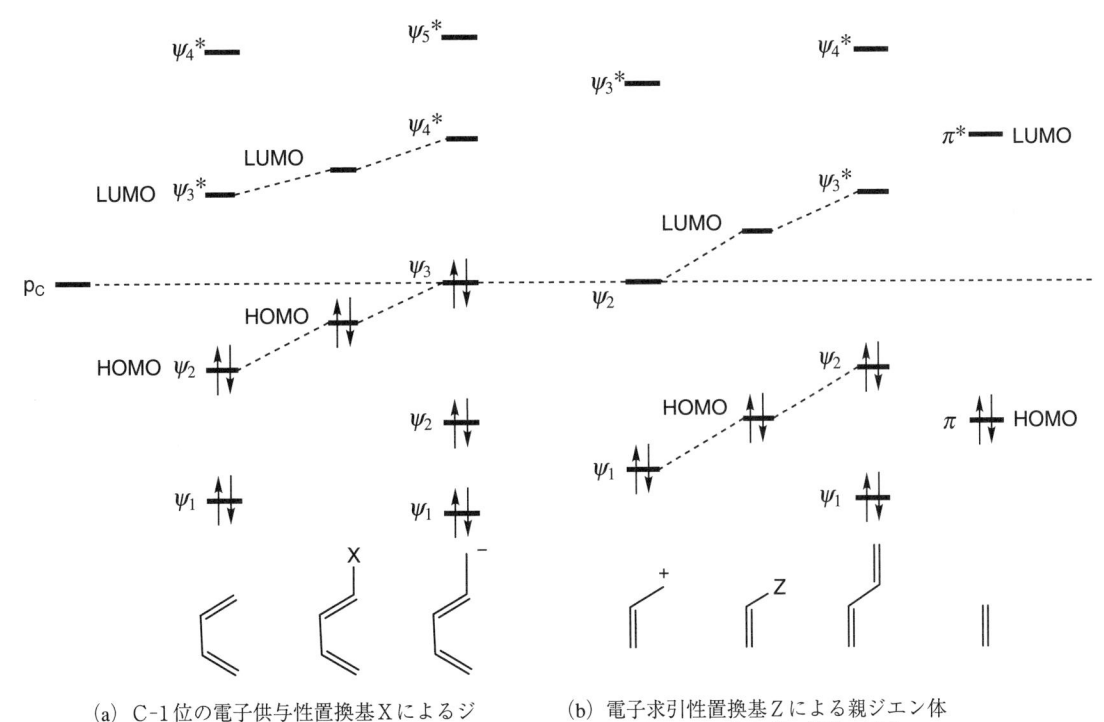

図 3.7

ギーが本当に上昇すること,また,置換基Zの導入によって親ジエン体のLUMOの準位が低下することが理解できたので,もはやこのことをあたかも呪文のように受け入れる必要はない.

電子供与性基の種類が違えば,その効果の程度も異なる.オキシアニオンのような強力なものであれば,ペンタジエニルアニオン様の性格が強まり,HOMOの準位はいっそう高くなる.また,電子求引性基の違いも,効果の程度に現れ,より強力なものほど,アリルカチオン的な性質を強めてLUMOのエネルギーを低下させる.同様に,カルボニル基にLewis酸が配位した場合にも,酸素の孤立電子対がカルボニル基のπ結合に及ぼす影響が減少するので,アクロレインをアリルカチオンのようにしてしまう.こうしてLUMOのエネルギーはさらに低下することとなり,Lewis酸触媒の存在によってDiels–Alder反応が加速される効果をよく説明することができる.アントラセン**3.61**とフマル酸ジメチル**3.62**との反応は,その一例である.

塩化アルミニウム存在下:室温,2時間
塩化アルミニウムなし:101℃,2〜3日

環化付加反応の位置選択性

Diels–Alder反応における位置選択性の通常のパターンについては,33〜36ページに述べた.そこでは,いわゆる"オルト付加体"と"パラ付加体"の生成が優先するが,これを出発物質の電荷分布で説明するのは不適切であると述べた.フロンティア軌道理論は,これをよりよく説明してくれる.そのためには,新たな結合の形成に関与する原子上のフロンティア軌道の係数の大きさに着目すればよい.

図3.6と同様に,まず出発点として,単純な共役系の摂動のかかっていない軌道から始めよう.結果をまとめると図3.8のようになる.ここではp軌道を上方から見おろし,分子軌道における各原子軌道の係数に応じた大きさで表現している.数字は各原子軌道係数を表しているが,

図3.8

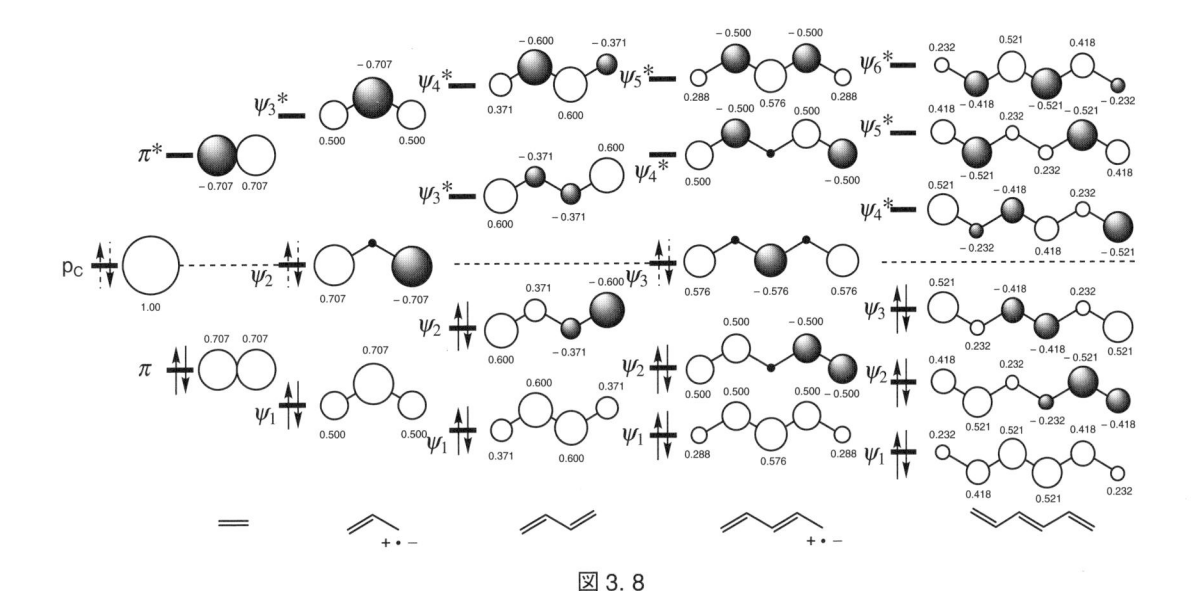

これは **3.63** に示したような，共役系の両端の原子の外側にそれぞれ1結合長分だけ延ばした軸上に描かれたサイン曲線の振幅の値に対応している．**3.63** はアリル系の例であるが，最もエネルギーの低い軌道(ψ_1)には節がなく，次に低い軌道(ψ_2)には節が一つ，ψ_3^* には節が二つと，順次，節が増加している．

C-1 に置換基 X のあるジエンの HOMO がどのように分極しているかを見積もるために，摂動のかかっていないジエンの ψ_2 〔図3.9(a)の左端〕とペンタジエニルアニオンの ψ_3 〔図3.9(a)の右端〕とを混合してみよう．この置換基 X のあるジエンはこれらの両端の中間にあり，C-1 よりも C-4 において原子軌道係数が大きいものと予想されるが，その差はペンタジエニルアニオンの場合ほどは大きくない．実際，ペンタジエニルアニオンの C-1 は節になっており，この図では C-1 に相当する原子上に黒い点で示してある．

一方，電子求引性置換基 Z をもつアルケンの LUMO については，アリルカチオンの ψ_2 〔図3.9(b)左側〕とブタジエンの ψ_3^* （同右側）とを混合してみればよい．これらの軌道の双方が，37 ページで述べたように単純アルケンの軌道エネルギーを低下させるとともに，その β 位の原子軌道

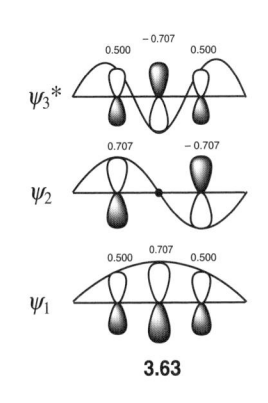

3.63

訳者注 共役ポリエンの π 電子の波動関数は，近似的に一次元の井戸型ポテンシャルに閉じこめられた電子についての Schrödinger 方程式の解で表すことができる．x 軸の長さ (a) を共役系の長さ＋「両端の1結合長分」とすると，一般に波動関数 ψ は $\psi = \sqrt{\frac{2}{a}} \sin \frac{n\pi x}{a}$ ($n = 1, 2, 3, \cdots$) で表すことができる．

(a) C-1位の電子供与性置換基Xによる，ジエンのHOMOの1, 4位の原子軌道係数の変化

(b) 電子求引性置換基Zによる，親ジエン体のLUMOの原子軌道係数の変化

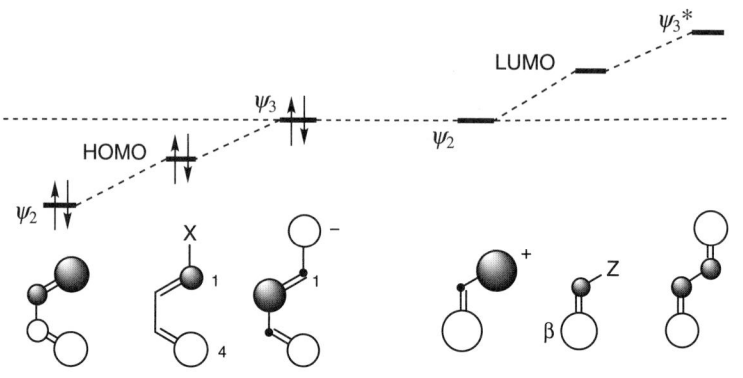

図 3.9

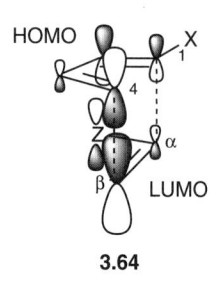

係数を大きくするように作用する．いよいよ最後に，ここまでの議論をもとにして考えるべきことは次のことである．すなわち，反応に際して軌道の重なりに都合がよいのは，それぞれの反応成分の原子軌道係数の大きなローブ同士が接近する時である，ということである．これはあくまで相対的なものであり，一方の係数の大きなローブが他方の係数の小さなローブに接近する場合との比較においてである．たとえば，**3.64**のようにジエンのC-4は親ジエン体のβ位の炭素に向かって結合していく．この図式は，先に37ページで述べた事実をうまく表現している．すなわち，ペリ環状反応では二つの結合が同時に形成されるが，その遷移構造において，必ずしもこれらの結合形成が同程度に進んでいることは意味しない．ジエンのC-4と親ジエン体のβ炭素との間の結合形成のほうが，ジエンのC-1と親ジエン体のα炭素との間の結合形成よりも先行しているが，後者においても結合のための軌道の重なりは起こり始めている．出発物質に何らかの非対称な要素があれば，遷移構造は非対称的になる．しかし，このことは，反応が完全に段階的機構に変化してしまうことを必ずしも意味しない．対称性が極端にくずれると，ジエンのC-1とα炭素との間の軌道の重なりが小さくなりすぎて，エネルギー的な利得が生じないようなこともありうる．そうした場合には，対称許容であっても段階的な機構を経由した反応が起こるようになる．なぜならば，こうし

た段階的な反応では，二つの結合を同時に形成させるために支払う大きな活性化エントロピーがいらないからである．

この微妙な違いを表現するために，以下の二つの用語が編みだされた．すなわち，二つの結合が同時に形成されるが，必ずしも同様な結合の発達過程を経ないような場合を協奏的(concerted)という．一方，結合の形成過程まで含めて同時であるような場合を同時的(synchronous)と呼ぶ．したがって，ほとんどのペリ環状反応は協奏的ではあるが同時的ではない．なぜならば，多くの場合の反応成分は対称でないからである．この用語法は，ペリ環状反応と段階的反応との間には明確な境界がなく，連続的な変化型があることをよく表している．

二つの結合の生成：協奏的な場合と同時的な場合の区別

これまでのところ，出発物質の総電荷分布に基づいた位置選択性の推測は，34ページの単純な図式 **2.136** および **2.137** にしかあてはまらなかった．説明が困難なのは，ペンタジエン酸 **2.142**(C-1 位に電子求引性置換基 Z をもつジエン)とアクリル酸 **2.143** との反応において"オルト付加体"**2.144** が得られること(35ページ)である．この場合の説明は，総電荷分布ではできないが，フロンティア軌道に基づく議論ではこれが可能である．親ジエン体の LUMO については，図 3.10(b) に図 3.9(b) と同じものを再度載せてある．ここで考えるべきことは，C-1 位に Z 置換基を

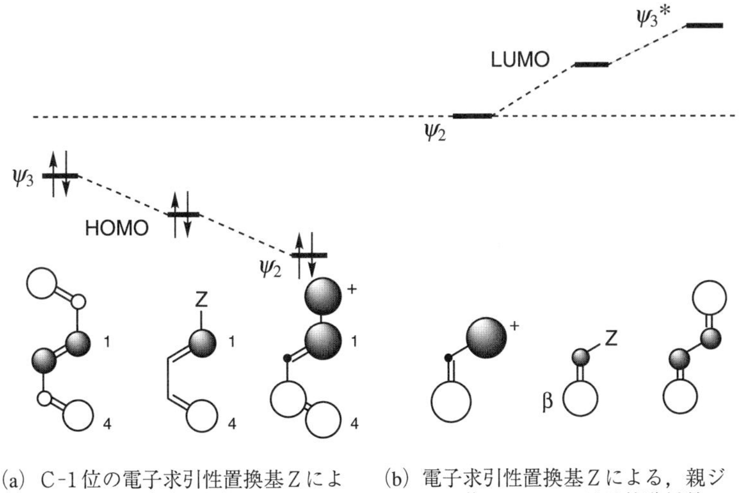

(a) C-1 位の電子求引性置換基 Z による，ジエンの HOMO の 1, 4 位の原子軌道係数の変化

(b) 電子求引性置換基 Z による，親ジエン体の LUMO の原子軌道係数の変化

図 3.10

もつジエンの HOMO の分極である．この場合に混合する極限的な軌道として，ヘキサトリエンの HOMO〔図 3.10(a)の左側の ψ_3〕とペンタジエニルカチオンの HOMO（同図の右側の ψ_2）を取りあげる．後者の軌道は C-1 位と C-4 位の原子軌道係数が同じ絶対値であり，分極していない．一方，前者においてはヘキサトリエン様の性質からくる共役という要素によって，小さな分極が引き起こされ，ψ_3 において C-4 の原子軌道係数が C-1 のそれに比べて若干大きい状況となる．したがって，C-1 位に Z 置換基をもったジエンの HOMO は，C-1 位に X 置換基を有するジエンと同様な分極をする（その程度はずっと小さいが）ので，上述のような Diels-Alder 反応の位置選択性が説明できる．

　1,3-双極環化付加反応の位置選択性を説明するのは，そう簡単ではない．最も進んだ説明も，やはりフロンティア軌道に基づくものであるが，現段階では残念ながら，それらがどのような形態であるかを理論計算から推測することは難しい．計算によって，おもな双極子について，すべてそのフロンティア軌道の代表的なエネルギー準位と原子軌道係数が算出されてはいる．しかし，双極子の場合にはこうした係数に補正を加える必要がある．なぜなら，多くの双極子はその末端にヘテロ原子をもっており，そうしたヘテロ原子の結合形成に関する共鳴積分は，C-C 結合形成の場合のそれとは異なるからである．エネルギー的な観点からは，双極子の HOMO と親双極子体の LUMO との間のエネルギーギャップが，親双極子体の HOMO と双極子の LUMO との間のエネルギーギャップよりも小さいかどうかを推論することができる．前者の組合せがエネルギー的に好ましい場合を HO-双極子支配（HO-dipole controlled），後者の組合せが有利な場合を LU-双極子支配（LU-dipole controlled）と呼ぶ．

　こうした理論計算から明らかになる傾向は，HOMO の高いとされた双極子は電子求引性の Z 置換基のある親双極子体とよりよく（もしくはそれとだけ）反応し，また，LUMO が低いとされた双極子は電子供与性の X 置換基のある親双極子体とよりよく（もしくはそれとだけ）反応する，ということである．それに加え，フロンティア軌道について推論された分極もその反応自体の位置選択性とおおむね一致するということである．しかし，双極子の種類は数限りなくあるうえに，置換基 Z や X を導入す

れば，ますますさまざまな場合がでてくるので，ここではこれ以上統一的に取り扱うことはできない．もし，もっと詳しいことが必要になれば，その情報を入手できることさえ知っていれば十分である．

より深く学ぶための参考書

分子軌道理論のペリ環状反応への適用については，いろいろな教科書が本書と同程度のレベルで取り扱っている：T. L. Gilchrist and R. C. Storr, "Organic Reactions and Orbital Symmetry," CUP, 2nd Edn. (1972); R. E. Lehr and A. P. Marchand, "Orbital Symmetry," Academic Press, New York (1972); F. A. Carey and R. J. Sundberg, "Advanced Organic Chemistry," Plenum, New York, 3rd Edn. (1990); N. Isaacs, "Physical Organic Chemistry," Longman, Harlow, 2nd Edn. (1995).

歴史的に重要な"バイブル"であり，示唆に富んだ本として次のものがある：R. B. Woodward and R. Hoffmann, "The Conservation of Orbital Symmetry," Verlag Chemie, Weinheim (1970).

この考え方の歴史的な進展についてもう少し知りたい人は次を参照せよ：R. B. Woodward, in "Aromaticity," Special Publication of the Chemical Society, No. 21 (1967), p. 217.

いくつかの特別なトピックスについては次を見よ：I. Fleming, "Frontier Orbitals and Organic Chemical Reactions," Wiley, Chichester (1976) (新版を制作中); T. T. Tidwell, "Ketenes," Wiley, New York (1995); 反応の協奏性の基準について：R. E. Lehr and A. P. Marchand, in Ch. 1, Vol. 1, in "Pericyclic Reactions," ed. A. P. Marchand and R. E. Lehr, Academic Press, New York (1977); Möbius–Hückel 型ペリ環状型遷移状態について：H. E. Zimmerman, in Ch. 2, Vol. 1, in "Pericyclic Reactions" とその引用文献；カルベンについて：W. M. Jones and U. H. Brinker in Ch. 3, Vol. 1, "Pericyclic Reactions" とその引用文献；ペリ環状反応におけるフロンティア軌道理論について：K. N. Houk, in Ch. 5, Vol. 2, in "Pericyclic Reactions" とその引用文献；1,3-双極環化付加反応の理論について：K. N. Houk and K. Yamaguchi, in Ch. 12, in "1,3-Dipolar Cycloaddition Chemistry," ed. A. Padwa, Vol. II, Wiley, New York (1984).

問 題

3.1 アリルアニオンとアルケン，またアリルカチオンとジエンが互いにスプラ面型で環化付加する場合のフロンティア軌道の相互作用を描き，それらの位相が一致していることを示せ．また，アリルカチオンとアルケン，アリルアニオンとジエンの組合せについて同様の相互作用を描き，これらの位相が一致しないことを確認せよ．

3.2 次の反応結果を説明せよ：テトラシアノエチレンは，THF 中，1,1-ジメチルブタジエンに付加し，付加体 **3.65** と **3.66** の混合物を与える．一方，ニトロメタン溶媒中では，反応がより速やかに進行し，付加体 **3.65** のみを与える．

3.3 次ページに示す反応は，いずれも連続的に環化付加反応，逆環化付加反応が起こることにより進行している．各反応段階を示し，各段階（初めの二つの反応は 2 段階，三番目の例は 3 段階の反応である）が Woodward–Hoffmann 則に従っていることを示せ．その際，リアルに遷移構造を描き，軌道の重なりと立体化学の関係を示す線を書きいれ（本書で使用した破線よりも，色のついた線を使うほうがわかりやすいだろう），各反応成分の立体化学，すなわちスプラ面型かアンタラ面型かを示せ．また，$(4q+2)_s$ と $(4r)_a$ の数の合計を算出せよ．

3.4 前問と同様に Woodward–Hoffmann 則を適用し，また，遷移構造をリアルに描くことにより，立体特異的な環状脱離反応を含む下図の反応の生成物の二重結合の幾何配置を予想せよ．

4 電子環状反応

電子環状反応の特徴は,非環状の共役系の両末端に σ 結合が形成され,環が生じる点にある.もちろん,その逆反応も起こる.残念なことに,電子環状という用語は,ペリ環状という意味として誤用されていることが少なくない.この間違いが起こるのは,電子環状反応という用語が,ペリ環状反応全体を表現する,どの用語より前に登場したからであり,この事情が理解されていない向きもあるからである.

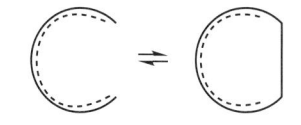

4.1 中性のポリエン

図 4.1 には,一連の中性ポリエンのうちで比較的簡単なものが示してあり,これらはそれぞれの環状化合物と平衡の関係にある.すなわち,ブタジエン **4.1** とシクロブテン **4.2**,ヘキサトリエン **4.3** とシクロヘキサジエン **4.4**,オクタテトラエン **4.5** とシクロオクタトリエン **4.6** の間には,それぞれ平衡の関係がある.もちろん,基本骨格の中に窒素や酸素などのヘテロ原子を含む類縁化合物もあり,また,置換基や他の環がついていることもある.しかし,反応の骨子を見るには,反応成分だけを取りだしてやればよい.平衡の片側にはより長い共役系があり,もう一方の側には σ 結合とより短い共役系がある.その中でシクロブテン **4.2** の環のひずみは,反応が開環の方向に向かう要因となる.一方,ヘキサトリエンやオクタテトラエンの反応は,閉環の方向に進行する.熱力学的な

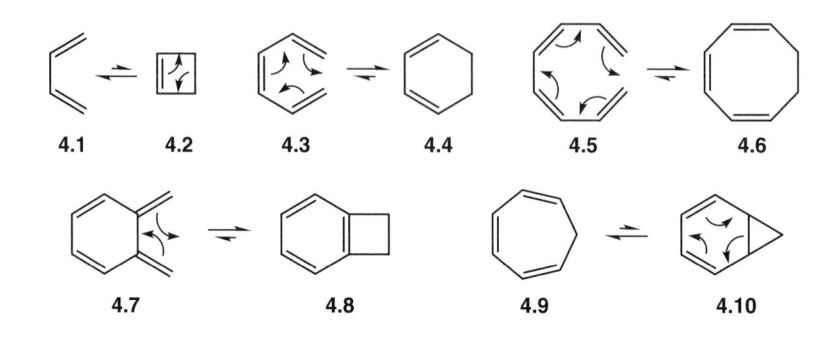

図 4.1

釣り合いを変化させるのは，さほど困難なことではない．たとえば，*o*-キノジメタン **4.7** はベンゾシクロブテン **4.8** よりもエネルギーが高く，四員環形成のほうに平衡が偏る．また，シクロヘプタトリエン **4.9** はビシクロヘプタジエン **4.10** よりもエネルギーが低く，三員環が開環する方向に反応は進行する．

これらの反応を前章で述べた環化付加反応と比較すると，すぐに違和感を覚える人も多いことだろう．というのは，この種の反応は，総電子数が$(4n+2)$であろうが$(4n)$であろうが，進行するからである．すぐ後に述べるが，この場合，実は総電子数の$(4n+2)$か$(4n)$かの違いは，反応の成否ではなく，立体化学の違いに反映されることとなる．

4.2 共役系イオン

図 4.2 には，一連の共役イオンの平衡のうちで比較的簡単なものを示した．カチオンの例としては，アリルカチオン **4.11** とシクロプロピルカチオン **4.12** との平衡，ペンタジエニルカチオン **4.13** とシクロペンテニルカチオン **4.14** との平衡，ヘプタトリエニルカチオン **4.15** とシクロヘプタジエニルカチオン **4.16** との平衡を描いてある．一方，アニオンについては，アリルアニオン **4.17** とシクロプロピルアニオン **4.18** との平衡，ペンタジエニルアニオン **4.19** とシクロペンテニルアニオン **4.20** との平衡，そしてヘプタトリエニルアニオン **4.21** とシクロヘプタジエニルアニオン **4.22** との平衡を示した．これらにもヘテロ原子を含む類縁体があり，窒素や酸素の孤立電子対がカルボアニオン中心の代わりをする．さ

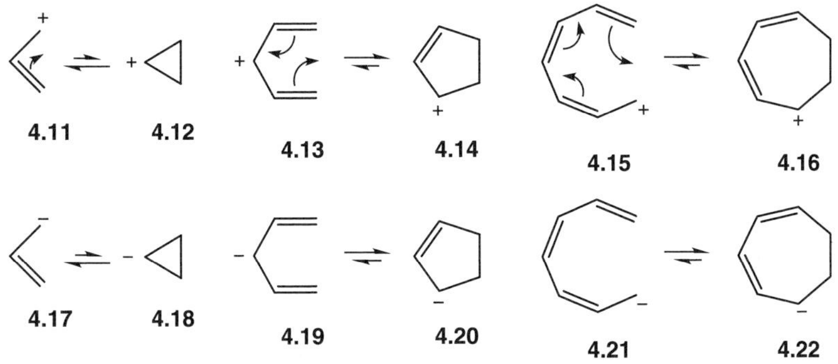

4.2 共役系イオン

4.11 **4.12** **4.13** **4.14** **4.15** **4.16**

4.17 **4.18** **4.19** **4.20** **4.21** **4.22**

図 4.2
いくつかの直鎖状共役イオンの電子環状反応による環形成と環開裂

らに置換基をもつものや縮環型(fused ring)の系もある．

これらの反応が，置換基のないものについて観察されることはほとんどない．反応の方向は，置換基やヘテロ原子が及ぼす安定化により，平衡がどちらかに偏ることによって決定される，という例が大部分である．しかし，すべての場合について非環状化合物と環状化合物との間の変換が起こる経路は共通であり，実際にどちら向きに反応が起こるにしても，立体化学のルールは共通である．

アリルカチオンとシクロプロピルカチオンとの平衡，またそれらに対応するアニオン間の平衡は，それ自体としてではなく，他の反応の中に潜在している．たとえば，カチオンの反応(**4.11** と **4.12** に対応)はハロゲン化シクロプロピルを加熱するか，銀イオンと反応させた時に見られる．シクロプロピルカチオン自体は中間体ではない．なぜなら，ハロゲン化物イオンの脱離と同時に開環反応(**4.23** の矢印を見よ)が起こってしまうからである．生じたアリルカチオン **4.24** はあるいは中間体かもしれないが，だとしてもその寿命はきわめて短い．なぜなら，ハロゲン化物イオンは，それ自身が脱離した面と同じ側からカチオンと再結合することが知られており，逆の面の側まで移行する十分な時間がないから

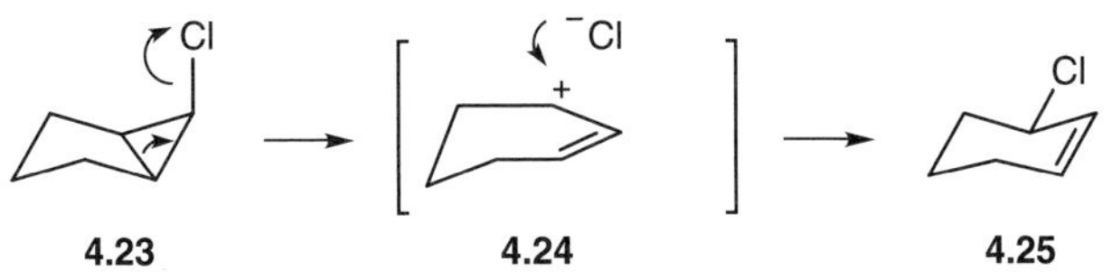

4.23 **4.24** **4.25**

ハロゲン化物イオンの脱離により誘起されるシクロプロピルカチオンの電子環状的な環開裂反応
開環反応の中間体は，カチオンそのものではないことに注意．

である．一方，逆反応であるアリルカチオンの閉環反応は，Favorskii転位の一つの段階に認められる．その一例として，α-ハロケトンのエノラート **4.26** が閉環してシクロプロパノン **4.27** を生成する反応がある．ここでは電子環状反応と臭化物イオンの脱離とが協奏して起きている．注目すべきことは，エノラートに由来するオキシアニオンによって中間体のシクロプロピルカチオンが安定化を受けており，これがこの閉環反応の駆動力となっているという点である．いいかえれば，先にも述べたように，カルボニル基は高度に安定化されたカルボカチオンに相当すると見なせる．Favorskii転位は最終段階で，シクロプロパン環が開環してエステル **4.28** を与えるが，これはもちろんペリ環状反応ではない．

ハロゲン化物イオンの脱離により誘起されるアリルカチオンの電子環状的な閉環反応
閉環反応の中間体は，アリルカチオンそのものではない．

アリルアニオンとシクロプロピルアニオンとの平衡（**4.17** と **4.18** に対応）を表す反応例としては，エポキシドやアジリジンの可逆的な開環反応がある．ここでカルボアニオンの役割をするのは，酸素や窒素の孤立電子対である．この開環反応にはやや高温を必要とする．また，炭素原子にアニオンを安定化する基がある時に限って反応が起こる．こうした反応が起こったかどうかを検出するには，発生したカルボニルイリドやアゾメチンイリドを1,3-双極環化付加反応で捕捉する実験系を用いる．たとえば，テトラシアノエチレンオキシド **4.29** を加熱すると，カルボニルイリド **4.30** が発生するが，これはアルケンで捕捉され，テトラヒドロフラン **4.31** となる．

エポキシドは，酸素原子上に孤立電子対があるので，シクロプロピルアニオンと等電子構造となる．

こうした反応が電子環状反応であることを認識するには，柔軟な見方をする必要がある．しかし，唯一かつ最も顕著な特徴である立体化学を考慮すると，これらの反応が確かに電子環状反応であることがわかる．

4.3 立体化学

開環反応と閉環反応には，立体化学的に二通りの可能性がある．それらは，**同旋的**(conrotatory)および**逆旋的**(disrotatory)と呼ばれ，一般的に図4.3のように表せる．逆旋的な閉環反応**4.32**では，外側に張りだした置換基Rは上に向かって動き，結果的に，上側にあったp軌道のローブは新しいσ結合を形成するように互いに向かいあうことになる．逆旋的という用語は，分子の末端の二重結合が，一方は時計回りに，他方は反時計回りに回転することを示している．対応する開環反応**4.33**でも，σ結合の解裂が同様に時計回りと反時計回りに起こり，出発時にcisの関係にあった二つの置換基が非環状共役系の外側の置換基として離れていく．同様に起こりそうに思える過程として逆旋的な閉環反応があり，下側に張りだしたローブ同士がσ結合を形成しつつ，両方のR置換基が下がっていく．また，逆旋的な開環反応にももう一つ別の可能性があり，それは両方のR置換基が互いに近づくように動くものである．しかし，こ

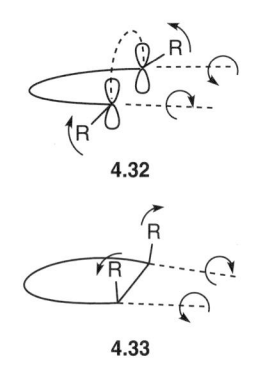

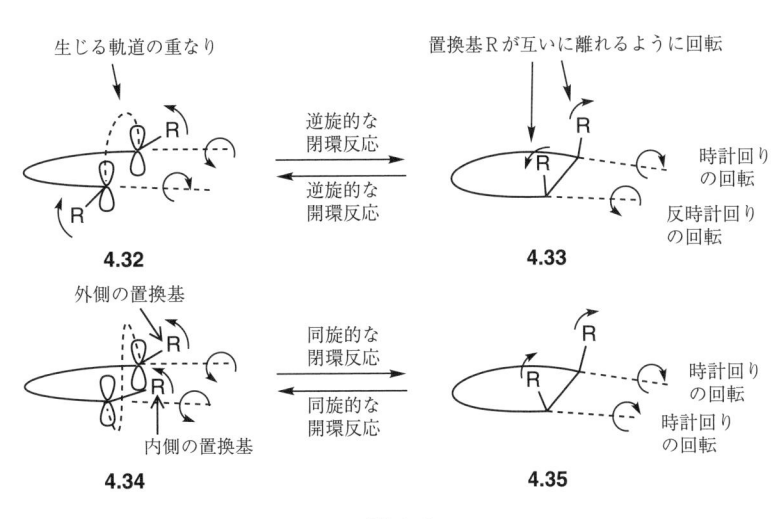

図4.3

うしたことが起こるか否かは，置換基 R の大きさしだいであり，また互いに内側に動くことによって，立体障害がどの程度生じるかにも依存する．

一方，同旋的な閉環である **4.34** → **4.35** の反応では，外側の置換基の一つと内側の置換基の一つ（両方ともに R と示してある）が上昇し，互いに cis の関係になる．こうして，一方の末端の p 軌道の下側のローブが他端の p 軌道の上側のローブと重なりあう．この場合の回転方向は同一である．すなわち，両方ともに時計回りであるか，あるいはともに反時計回りである．**4.34** で R がともに外側にある場合は，閉環後は R は互いに trans の関係となる．**4.35** → **4.34** の開環反応では，cis の関係にある二つの置換基は同方向に回転する．すなわち，ここに描かれているように時計回りに回転し，一方は外側に，他方は内側にくる．もちろん，それに代わって，反時計回りにも動ける．これらの系で守られるべき立体化学的なルールを以下にまとめた．

電子環状反応における Woodward–Hoffmann 則

	熱的	光化学的
2 電子系：		
アリルカチオン－シクロプロピルカチオン	逆旋	同旋
4 電子系：		
アリルアニオン－シクロプロピルアニオン	同旋	逆旋
ブタジエン－シクロブテン	同旋	逆旋
ペンタジエニルカチオン－シクロペンテニルカチオン	同旋	逆旋
6 電子系：		
ペンタジエニルアニオン－シクロペンテニルアニオン	逆旋	同旋
ヘキサトリエン－シクロヘキサジエン	逆旋	同旋
ヘプタトリエニルカチオン－シクロヘプタジエニルカチオン	逆旋	同旋
8 電子系：		
ヘプタトリエニルアニオン－シクロヘプタジエニルアニオン	同旋	逆旋
オクタテトラエン－シクロオクタトリエン	同旋	逆旋
ノナテトラエニルカチオン－シクロノナトリエニルカチオン	同旋	逆旋

これらのルールをすぐ修得するのは困難と思われるが，以下のように整理すれば学びやすくなる．総電子数が$(4n+2)$の熱的な反応は逆旋的に進行する．一方，これが$(4n)$のものは同旋的となる．第一励起状態からの反応は，単にこの逆であると考えればよい．

非環状の反応成分について数えるべき電子数とは，直線上に連続したp軌道群に収容されたものについてのみである．共役系のどちらかの末端やそれ以外の場所に置換基があっても，反応の立体化学に影響はない．しかし，こうした置換基は無論のこと，たとえば**4.26** → **4.27** の閉環反応におけるオキシアニオンなどは，反応の速度や平衡点の位置には影響を及ぼすこととなる．

4.4 Woodward–Hoffmann 則の熱的な電子環状反応への適用

電子環状反応の立体化学を説明する最初の例として，一組のシクロブテンの同旋的開環反応に注目し，反応の立体特異性を確かめよう．

この反応が開環の方向に進むこと自体は，熱力学的な理由による．しかし，立体化学はそうではなく，シクロブテン **4.36** の開環では，熱力学的に不利な **4.37**（一方の二重結合が *cis* 配置）を生じている．熱力学的な要素が立体化学に影響するのは，シクロブテン **4.38** の開環のような場合だけである．同旋過程のうちの一つだけが優先し，*trans*, *trans* 配置の生成物 **4.39** を与え，*cis*, *cis* 生成物もルールのうえでは同じく可能であるが，これは得られない．このような選択性を**回転選択性**(torqueoselectivity)と呼ぶ．

フロンティア軌道理論による取扱いでは，開環反応においてσ結合とπ結合を別物であると見なす．しかし，どちらをHOMOとし，どちらをLUMOとするかは任意であり，**4.40** や **4.41** を見ればわかるように，両方とも同じ結論となる．しかし，閉環反応の取扱いには問題がある．

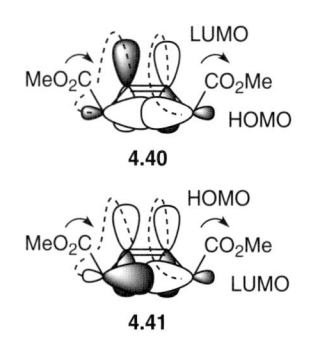

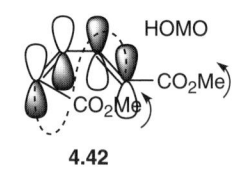

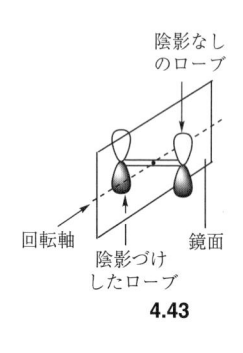

なぜなら，ジエンを唯一の反応成分と見なす限り，HOMOとLUMOの組合せがとれなくなってしまうからである．4.42においてHOMOを選んだのは任意に見えるが，4.42の係数の符号がシクロブテン–ブタジエン反応の同旋的な立体化学と合致している．そして同じく逆旋的なシクロヘキサジエン–ヘキサトリエン反応でもこうした合致がある．こういう見方こそが，Woodwardが，これらの反応の対照的な立体化学を分子軌道理論を用いて説明しようと思い立った最初のきっかけであった．その結果，先に環化付加反応への応用のところで述べた相関図の考え方が，HoffmannやAbrahamsonとLonguet–Higginsらによって独立に導出されたのである．すなわち相関図の考え方は，実はこうした電子環状反応について最初に導きだされたのである．

ここで軌道相関図を眺めるのは，シクロブテンの開環の例にとどめておく（図4.4）．同旋的なシクロブテンの開環反応では，σ結合およびπ結合ともに中央を貫く対称軸に関して対称性が保たれている．4.43のように結合性π軌道を例として，対称性に基づく分類をどのように行うかを見てみよう．陰影づけしたローブを，回転軸（中央の点を通る破線で表してある）を180°回してみると，陰影なしのローブと重なる．したがって，この対称操作に関して反対称であると分類する．一方，この結合性π軌道4.43は破線上に立てた鏡面については対称となっている．このようにして相関図を作成してみると，同旋的な開環反応の時に保存される回転軸についての対称性については，図4.4に示したように，出発物質

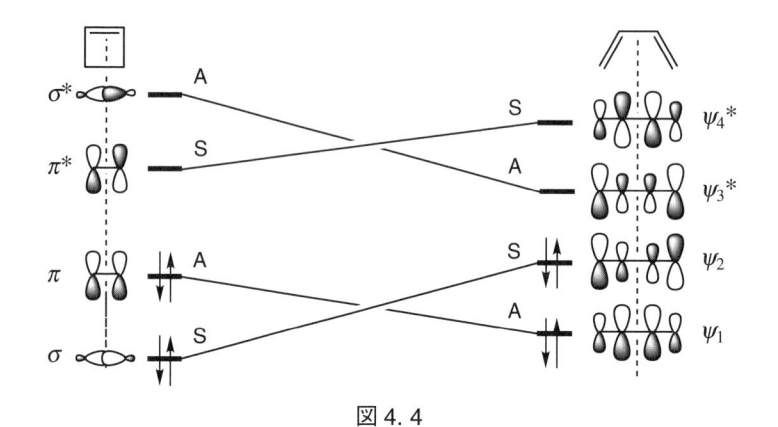

図4.4

の基底状態と生成物の基底状態が相関していることがわかる．一方，逆旋的な開環反応の時に保存される鏡面対称性をもとに軌道相関図を描いてみるとわかるように，基底状態の出発物質の軌道と生成物の基底状態の軌道が相関していない．したがって，逆旋的な開環反応には，[2+2] 環化付加反応で議論したのと同様に，対称性に由来する反応障壁がある．

訳者注 59 ページの図 3.4 を参照せよ．

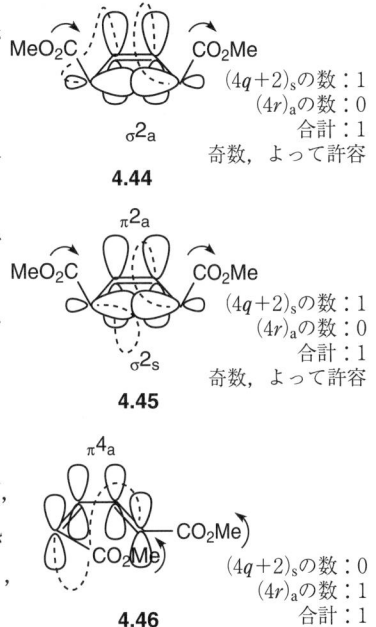

これは，本書で取り扱う最後の軌道相関図となる．これ以降は，ペリ環状反応の立体経路に関して，こうした相関図の教えるところを信じ，そこから導かれた Woodward–Hoffmann 則を単純に適用していくことにしよう．シクロブテンの開環反応では 4 電子 ($4n$) が関与するので，一つのアンタラ面型反応成分がなければならない．シクロブテン **4.36** とブタジエン **4.37** の相互変換を例にとると，その正反応を実質的に σ 結合が π 結合に環状付加する反応として取り扱えばよく，それによって σ 結合もしくは π 結合がアンタラ面型反応成分の役割を果たすこととなる．具体的には，**4.44** や **4.45** のようになるが，これらは同じ反応を表しており，それぞれ [$_\sigma 2_a + _\pi 2_s$]，および [$_\sigma 2_s + _\pi 2_a$] の反応と呼ぶことができる．ここで再度強調したいことは，これらの表示法自体が特定の反応を表しているというわけではなく，図に付記して，初めて意味をもつことである．**4.46** に示す逆反応では，ジエンを一つのアンタラ面型反応成分として取り扱うだけでよく，右側の上部のローブが傾き，せり上がってきた左側の下部のローブと出会って [$_\pi 4_a$] 型の反応が成立する．ここで **4.44** や **4.45** における破線は，各置換基を右下に押しやるように動かした時に生じる軌道の重なりを表していることに注意してほしい．**4.46** では各置換基を左上に移動させた時に生じる軌道の重なりに相当する．このように，それぞれの反応について同旋的な動きを考えることにより，生成物の立体化学を正しく説明することができる．

ヘキサトリエン **4.47** および **4.49** についても同様な反応が進行するが，観察される立体化学は逆で，逆旋的な反応である．この場合，反応は熱力学的に有利な閉環反応の方向に進むものの，立体化学はそうではなく，**4.47** の反応を見るとわかるように，熱力学的には不利な cis の二置換シクロヘキサジエン **4.48** が生成している．この立体化学は，フロンティア軌道理論，または対称面に基づく軌道相関図をもとに考えると，理解できるだろう．

$\pi 2_s$
MeO$_2$C ─── CO$_2$Me
$\sigma 2_a$
4.44

$(4q+2)_s$ の数：1
$(4r)_a$ の数：0
合計：1
奇数，よって許容

$\pi 2_a$
MeO$_2$C ─── CO$_2$Me
$\sigma 2_s$
4.45

$(4q+2)_s$ の数：1
$(4r)_a$ の数：0
合計：1
奇数，よって許容

$\pi 4_a$
CO$_2$Me
CO$_2$Me
4.46

$(4q+2)_s$ の数：0
$(4r)_a$ の数：1
合計：1
奇数，よって許容

ヘキサトリエンの閉環反応は遅い．その理由は以下のとおりである．まず，下図のようならせん状の遷移構造を考えると，ひずみがなく，結合距離も適切で，p 軌道がうまく重なるが，いかんせん，これは [$_\pi 6a$] の，禁制な同旋過程である．

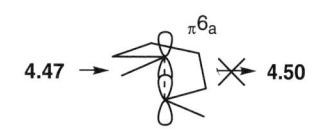

4.47 → π6a ✗ → 4.50

一方，許容な逆旋過程である [$_\pi 6s$] の遷移構造をとるには，下図のように，二つの末端 p 軌道の上のローブが，互いに少し曲がることが必要となる．この構造は，前図のものよりひずみが大きい．

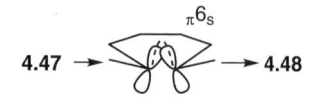

4.47 → π6s → 4.48

これと比べると，オクタテトラエンの反応は速やかである．ひずみが小さく，容易に形成されるらせん状の遷移構造は [$_\pi 8a$] であり，許容な同旋過程であるためである．

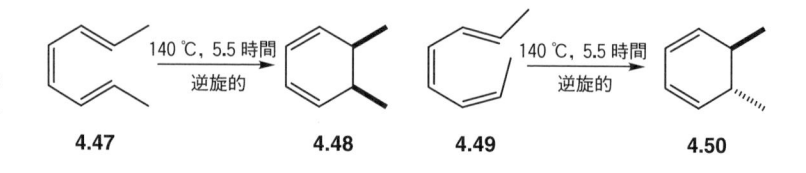

4.51 → π8a → 4.52

4.47 →(140 ℃, 5.5 時間, 逆旋的)→ 4.48   4.49 →(140 ℃, 5.5 時間, 逆旋的)→ 4.50

さらに 2 電子多い共役系，すなわち 8 電子系を扱ってみよう．オクタテトラエン **4.51** および **4.54** は，同旋的な閉環反応によりシクロオクタトリエン **4.52** と **4.55** を生じる．しかし，この段階で反応を止めることはできない．なぜなら，生成物はさらに第二の電子環状反応を起こし，二環性ジエン **4.53** および **4.56** となるからである．これは，すべて cis のトリエン単位 (6 電子系) における許容の逆旋過程の結果である．

4.51 →(−10 ℃, 30 時間, 同旋的)→ 4.52 →(20 ℃, 8 時間, 逆旋的)→ 4.53

4.54 →(9 ℃, 155 時間, 同旋的)→ 4.55 →(40 ℃, 15:85, 逆旋的)→ 4.56

この例で環構造があることは，許容の立体経路と矛盾しない．実際，**4.55** と **4.56** との逆旋的な平衡には何の問題もないが，環の構造によっては許容の反応が起こりにくかったり，まったく起こらなくなったりすることもある．たとえば，シクロブテン **4.57** では，縮環部はエネルギー的により有利な cis 配置をとっており，環内の二重結合は二つとも cis であるため，シクロブテン **4.57** からは八員環内に，ひずんだ trans の二重結合を有するジエン **4.58** が得られる．これは，熱力学的に好ましくない

4.57 ⇌(180 ℃, 同旋的) [4.58 (cis, trans ≡ cis, trans)] ⇌(同旋的) 4.59

過程なので，反応には高温を必要とするが，この反応が実際に起こっていること自体は，重水素標識実験によって異性体 **4.59** が得られることから間違いない．

活性化エネルギーの点で，許容の反応と禁制の反応との間にはかなり大きな差がある．活性化エネルギーが算出できるような反応についていえば，必ず許容の過程のほうが 45 kJ mol^{-1} 以上有利である．上述のすべての反応においては，禁制の反応様式による生成物はまったく得られない．これまでに行われた最も精密な測定によると，*cis*-3,4-ジメチルシクロブテンの同旋的開環反応においては，*trans*,*trans*-ヘキサ-2,4-ジエンの生成は 0.005% 以下であった．

もっと小さな環構造のビシクロヘプテン **4.60** の同旋的な反応は，七員環内に *trans* の二重結合が生じてしまうため，事実上，不可能である．温度を上昇させても，少しも反応は起こらない．400 ℃ まで上げるとさすがに反応するが，それも禁制の逆旋型反応によって *cis*,*cis*-ジエンが低収率で得られるにすぎない．

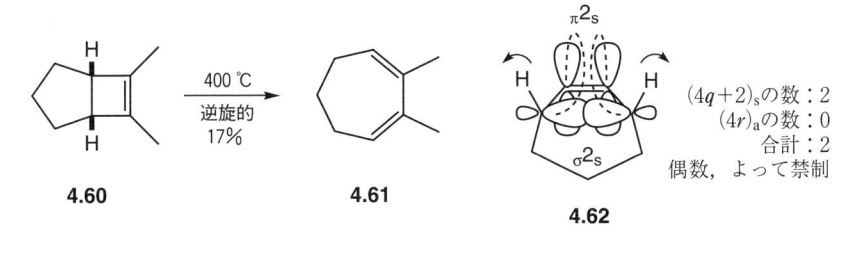

対称禁制の反応でも，きわめて大きなエネルギーが与えられれば進行しうる．

イオン種の電子環状反応も，同様に Woodward–Hoffmann 則に従う．ハロゲン化シクロプロピル **4.23** の開環反応は，環状のアリルカチオン **4.24** が生成するので，逆旋的に違いない．この系には他の可能性もあるという異論があるかもしれないが，非環状の系でも逆旋的に反応が進むことがわかっている．たとえば，ハロゲン化シクロプロピル **4.63** ～ **4.65** からアリルカチオン **4.66** ～ **4.68** が生じることは，特徴的な ^{1}H NMR スペクトルから明白にわかる．アリルカチオンには，W 字形 **4.66**，鎌形 **4.67**，U 字形 **4.68** の 3 種類の立体配座があり，C-1, C-2, C-3 の π 結合性によって，低温ではその立体配座がおおむね保たれる（分子軌道は先に 28 ページでアニオン，39 ページでラジカルについて述べたのと同

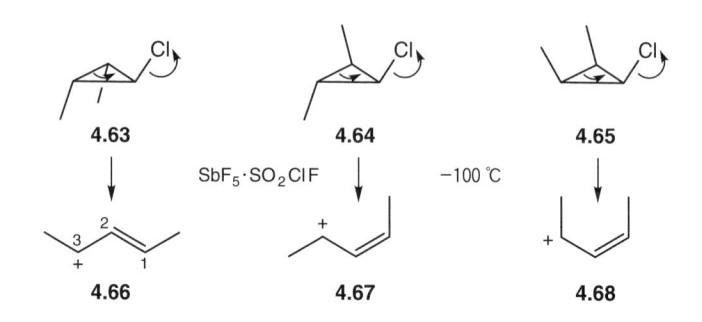

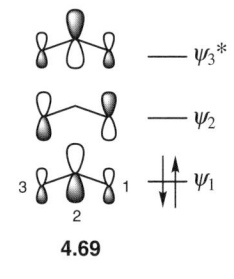

じ **4.69** である).U 字形イオンの半減期は−10 ℃で10分,鎌形イオンの半減期は 35 ℃ で 10 分である.これらの反応は,回転選択性を示す好例である.逆旋的開環反応の方向は,環のどちら側からハロゲン化物イオンが脱離するかにかかっている.そのことは,ハロゲン化物 **4.63**,**4.65** の反応の対照的な結果によく現れている.前者では二つのメチル基が外側に向くように開環するので,熱力学的に有利になるように反応するといえるが,後者では明らかに熱力学的に不利な方向に開環が起こり,U 字形イオンが生じている.このように異なる生成物が得られることも,遊離のカチオンが介在していないことを示唆している.また,厳密に逆旋的な反応が進むことは,ペリ環状反応であることを示してもいる.このように,軌道対称性に加え,強力な回転選択性が加わってくると,熱力学的に有利か不利か,などは副次的な要素であるかのように思えてくる.

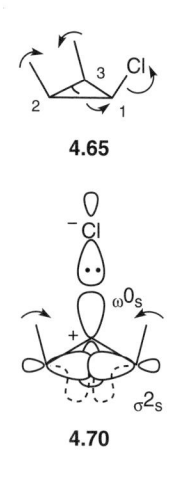

　この選択性を簡単に説明するには,塩化物 **4.65** の C-2 と C-3 の結合が下向きに折れ曲がり,塩化物イオンが離れつつある C-1 の後方から,あたかも S_N2 反応のように電子を供給する様子を考えるとよい.こうして結合が下がれば,置換基同士は互いに近づくように上向きに動き,U 字形のアリルカチオン **4.68** を与えるに違いない.これが,どうして Woodward–Hoffmann 則に従っているのかを理解するには,以下のようにすればよい.すなわち解裂する C–Cl 結合に関し,電子対は塩素原子のほうに動いていくので,これを **4.70** のように空の p 軌道と見なせばよい.そうすれば,逆旋的反応は許容の $[_\sigma2_s+_\omega0_s]$ の組合せとなり,両方の反応成分についてスプラ面型となる.ここまでは $(4q+2)_s, (4r)_a$ の数ならびにそれらの合計を図に付記していたが,これ以降は,ここを空

4.4 Woodward–Hoffmann 則の熱的な電子環状反応への適用

欄にしておくので，ルールに沿っているかどうかを自分で試してみてほしい．

この反応の逆反応，すなわちアリルカチオンの閉環反応も知られている．驚くべきことに，双性イオン **4.71**（おそらく W 字形の配置をとっている）から，熱力学的により不利な cis-ジ-t-ブチルシクロプロパノン **4.72** が生成する．これは，反応が逆旋的であることの証拠である．

この結果は，もう 2 個，電子を余分に有する類似の系とは対照的である．複素環 **4.73** は窒素を失い，チオカルボニルイリド **4.74** を生じるが，これは鎌形の配置である．その理由は，1,3-双極環状脱離は，スプラ面型環化付加反応の逆反応だからである．このイリドは共役系に 4 個の電子を有するため，同旋的閉環反応によってジ-t-ブチルチイラン **4.75** を生じるが，これもまた二つの大きな置換基が cis の関係になっている．Woodward–Hoffmann 則に基づいた図式 **4.76** では，同旋的反応は [$_\pi 4_a$] 反応である．

4 電子の開環反応の方向を調べるために，先に 29 ページで示した一組のアゾメチンイリド **2.98** と **2.100** を，ここに **4.78** と **4.80** として再登場させよう．これらのイリドは，それぞれアジリジン **4.77** および **4.79** の加熱によって発生させることができる．その同旋的開環反応が立体特異的であることは，異性体の関係にある 2 種類のアゾメチンイリドが生成することから明らかである．中間体 **4.78** および **4.80** の立体化学を証明するには，29 ページに描いたようにスプラ面型の環化付加反応を行わせ，それぞれが W 字形および鎌形の立体配座を失う前に捕捉すればよい．

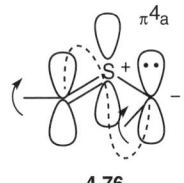

アジリジン **4.77** について，もう一つの可能な同旋的開環反応は見られない．これは対称性の観点からはまったく同様に許容であるが，W字形のイリドではなく，わざわざ熱力学的に不利なU字形のイリドが生じなければならないような特別な理由は見あたらないからである．

同旋的な立体化学は Woodward–Hoffmann 則に合致しており，cis-アジリジン **4.79** から鎌形イリド **4.80** への変換については，**4.81** のように $[_\sigma 2_s + _\omega 2_a]$ ととらえればよい．破線を別の方法で引いて $[_\sigma 2_a + _\omega 2_s]$ としても，同じことである．

ペンタジエニルカチオンはアリルアニオンと同数の π 電子を有し，その電子環状反応は同旋的であると予想される．Woodward–Hoffmann 則の見方では，**4.82** のように許容の $[_\pi 4_a]$ 過程として描くことができる．^{1}H NMR スペクトルで反応を追跡すると，この反応は完全に立体特異的で，ペンタジエニルカチオンの立体異性体 **4.83** と **4.85** から，それぞれ同旋的な反応によって，シクロペンテニルカチオンの立体異性体 **4.84** と **4.86** を生じることがわかる．

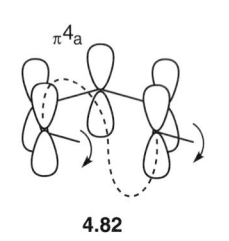

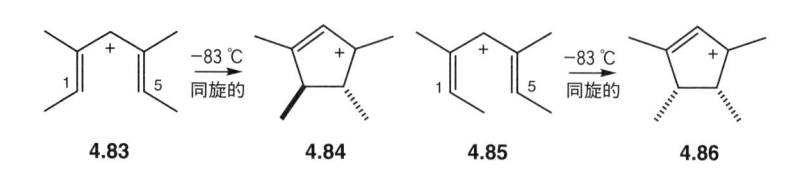

訳者注 下に示す共鳴構造からわかるように，C-1 と C-5 はともに部分的な正電荷をもっている．

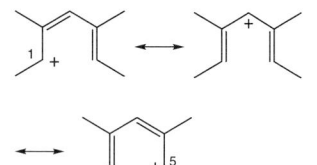

この反応で最も注目すべきことは，結合の形成が双方ともに正に荷電した C-1 と C-5 との間で起こることであろう．求核的炭素と求電子的炭素の間の結合としてとらえる限り，この反応を正しく理解することはできないが，反応は現に進行するのである．この点，ペリ環状反応は実際にイオン反応やラジカル反応とは著しく異なっている．また，この反応は5-エンド-トリゴナルなので，Baldwin 則にも著しく反するように思

4.4 Woodward–Hoffmann 則の熱的な電子環状反応への適用

える．電子環状反応に対しては，Baldwin 則もあまり効果的でなさそうである．

この種の反応のうちで，有機合成的に最も有用なのは Nazarov 環化反応（Nazarov cyclization）である．たとえば，**4.89** のような交差共役ジエノンを酸（この場合は Lewis 酸）と反応させると，シクロペンテノン **4.92** が生成するような反応である．酸が配位することによりケトン部分のカ

ルボカチオン性が高まり，共役系は **4.90** のようなペンタジエニルカチオンの様相を呈する．環化付加反応によりシクロペンテニルカチオン **4.91** が生成し，これがシリル基を失い，プロトンを受け取ってケトン **4.92** を与える．C-1 と C-5 の相対立体化学を見ると，二つのプロトンが互いに trans の関係にあり，環化反応が同旋的に起こったことを示している．シリル基はこの反応に必須ではないが，これがないと代わりに C-1 からプロトンが脱離するので，立体化学的な情報も失われてしまう．

この反応において注目すべきことは，環のどちらの面にシリル基がついているか（この場合は上面）によって，二つの等しく許容な同旋過程のうちのどちらが実際に起こるか，すなわち回転選択性が決まることである．ケトン **4.89** の鏡像体組成に偏りがある場合，それと同じ鏡像体過剰率でケトン **4.92** が生じる．これは，**4.93** に示す特異的な反時計回りの動きによって，C-1 の下側のローブが跳ね上がることに相当する．立体的に大きく，電子供与性の高いシリル基に対し，このローブがアンチになろうとするからである．

ペンタジエニルアニオンは，逆旋的に閉環しなければならない．なぜなら，**4.94**（次ページ）のように [$_\pi 6_s$] 過程として表されるからである．ヒドロベンズアミド **4.95** から発生させたアニオン **4.96** はアマリン **4.97**

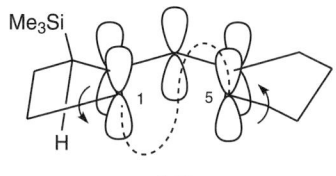

訳者注 遷移状態においては，C-1 の下側のローブは C-5 の上側のローブと σ 結合を形成しつつある．このできかけの σ 結合は電子不足の状態である．電子供与性が大きいシリル基がアンチペリプラナーに位置すると，C–Si の σ 結合と C-1，C-5 間の形成されつつある σ 結合または σ* 結合が相互作用し，エネルギー的に有利となる．このような立体電子的効果については，A. J. Kirby 著，鈴木啓介訳，『立体電子効果』，化学同人（1999），6 章を参照．

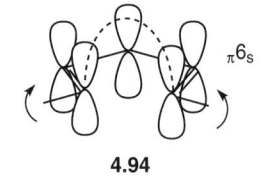

を与えるが，ここでは二つのフェニル基が互いに *cis* の関係になっている．この反応の原型は 1844 年に初めて見いだされており，おそらくは最初のペリ環状反応の例である（作曲家の Borodin がこの反応の論文の著者である）．このように，二つの大きな置換基が *cis* の関係となった，熱力学的に不利な生成物が得られることは，この反応が逆旋的に進んでいることの証拠である．ただし，完全に立体特異的であるかどうかは示されていない．また，この反応がルールに従って進行していることのもう一つの状況証拠としては，光照射下でアニオン **4.96** を反応させた時に，**4.97** の対応する *trans* 異性体が得られるという観察事実がある．

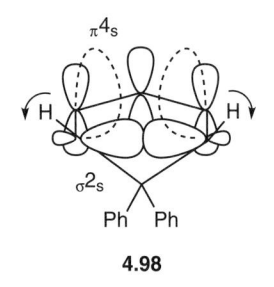

シクロプロパン環の開裂によるひずみエネルギーの解放によって，熱力学的に有利になるような場合には，シクロペンテニルアニオンの開環が起こることもある．たとえば，アニオン **4.100** は開環して，ペンタジエニルアニオン **4.101** を生じる．この反応は，**4.98** のように二つの水素原子が外側に向かって開きながら，逆旋的に進む以外にない．なぜなら，生成物の六員環に *trans* の二重結合が入ることはありえないからである．

4.5 光化学的電子環状反応

先に環化付加反応の章で指摘したように，ペリ環状反応のように見える光化学的反応も，実際には必ずしもすべてがペリ環状反応であるとは限らない．しかし，少なくともある部分はルールに従っているようである．4 電子系の光化学的反応 **4.102** → **4.103** は逆旋的であるのに対し，6 電子系の反応 **4.104** → **4.105** は同旋的である．これらの両反応ではともに熱力学的に不利なほうの生成物が生じている点に注意したい．

これらの二つの反応の生成物を光照射することなく加熱すると，出発物質の異性体に相当する化合物が生成する．すなわち，**4.102** の代わりに trans, cis のジエン **4.106**，また **4.104** の代わりに trans のジメチルシクロヘキサジエン **4.107** が，それぞれ生成する．もう少し制限のかかった系で，光化学的反応と熱的反応のルールの違いを利用すると，出発物質と比べてはるかに熱力学的に高エネルギー状態にある生成物を容易に得ることができる．このような場合，生成物は熱的には安定なのである．その好例が，光化学反応 **4.108** → **4.109** および **4.110** → **4.111** である．二環性ケトン **4.109** はひずみをもつだけでなく，トロポン **4.108** の有していた部分的な芳香族性，およびメトキシ基とケトンとの間の共役の効果までを失っている．また，ジヒドロアントラセン **4.111** では，cis-スチ

ルベン **4.110** において両側のベンゼン環が有していた芳香族性を失っている．二環性ケトン **4.109** やジヒドロアントラセン **4.111** は熱的な経路を通って前駆物質に戻ろうとしても，対称性に由来する速度論的障壁に遮られてしまう．また，ルールに従った過程で反応しようとしても（すなわち **4.109** では同旋的な，**4.111** では逆旋的な開環反応），環内に *trans* の二重結合を生じてしまうことになるので，これも不可能である．

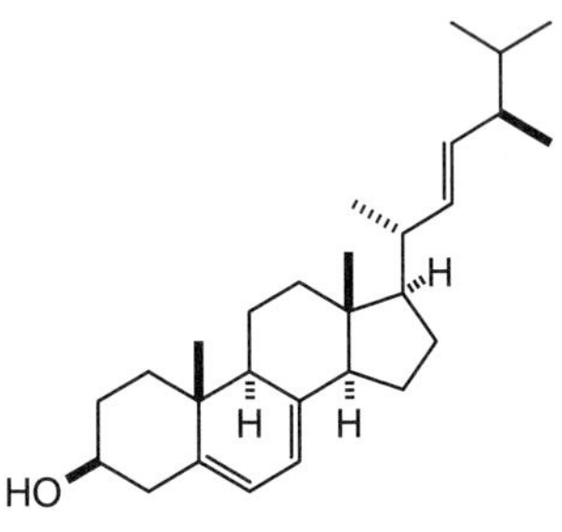

　環構造による束縛をとくによく示した例としては，最も古くから知られている電子環状反応（図 4.5）がある．かつては混乱の種であったが，今や電子環状反応のルールを示す美しい例になっている．全体の構造はエルゴステロール **4.112** であるが，図 4.5 には **4.113** のように本質的な部分だけを描いてある．1 章の **1.17** で取り扱い，また 5 章の **5.9** でも再度登場するエルゴステロールの光化学的な同旋的開環反応は **4.114** を与える．これは出発物質と光化学的な平衡にあり，また同時に，別の同旋的閉環反応による生成物 **4.115** とも光化学的な平衡にある．しかし，熱的

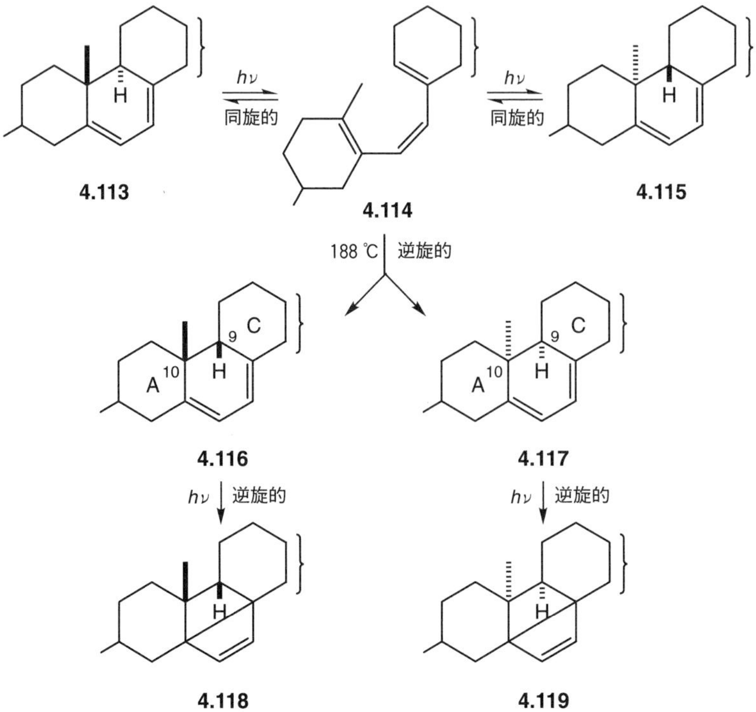

図 4.5

な条件下では，逆旋的な閉環反応によって他の2種類のシクロヘキサジエン **4.116** と **4.117** との混合物を生成する．これらの化合物では，C-10 メチル基と C-9 水素原子とが互いに *cis* の関係にある．これらへの光照射によって，許容の6電子系の同旋的な開環反応が起こったとすると，A 環もしくは C 環に *trans* の二重結合が生じてしまう．こうした不都合を避けるため，別の光化学的に許容な反応が起こる．すなわち，逆旋的な閉環反応でシクロブタン **4.118** および **4.119** が生成することとなるが，これらの化合物は比較的，熱的に安定である．なぜなら，仮にそれが熱的に許容な形で開環したとすると，今度はB環に *trans* の二重結合を生じることになってしまうからである．

より深く学ぶための参考書

前章に掲げた比較的一般的な本は，すべて電子環状反応に関する章を設けている．専門書としては次のものがある：E. N. Marvell, "Thermal Electrocyclic Reactions," Academic Press, New York (1980)．

シクロブテンの開環反応：T. Durst and L. Breau, in *COS*, Ch. 6.1；シクロヘキサジエンの反応：W. H. Okamura and A. R. De Lera, in *COS*, Ch. 6.2；Nazarov 反応：S. E. Denmark, in *COS*, Ch. 6.3.

問題

4.1 **4.47** → **4.48** のヘキサトリエン–シクロヘキサジエンの反応について，シクロブテン–ブタジエンの反応で用いた **4.40**, **4.41**, **4.42** と同じような軌道相互作用の図を描け．重なりあう軌道を特定し，この反応が双方向とも逆旋的であることを示せ．

4.2 ブタジエン誘導体 **4.120** は異性体 **4.121** と平衡関係にあるが，異性体 **4.122** の生成は認められないのはなぜか．また，光学活性な *trans*-2,3-ジ-*t*-ブチルシクロプロパノン **4.123** は 80 ℃ でラセミ化を起こす．この反応過程では，*cis* 異性体 **4.125** はまったく生成しない．なぜか．

4.3 次の反応の生成物の立体化学を示せ．

4.4 次の反応は，いずれも電子環状反応，環化付加反応，それに逆環化付加反応のいくつかの組合せにより進行している．各段階を示し，すべての段階〔(a)では二つ，(b)では三つ，(c)では五つ〕がWoodward–Hoffmann則に従っていることを確認せよ．

(b)

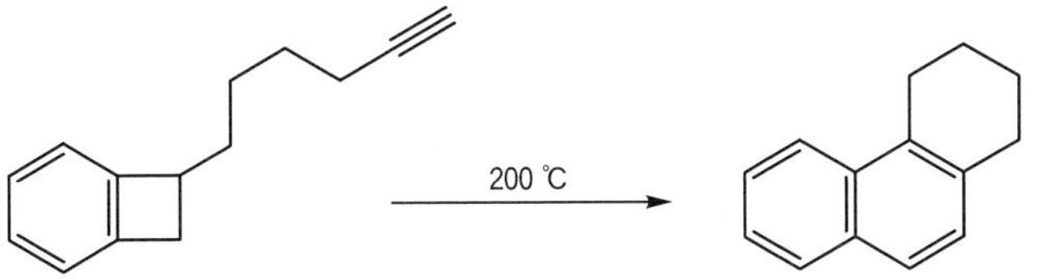

(c)

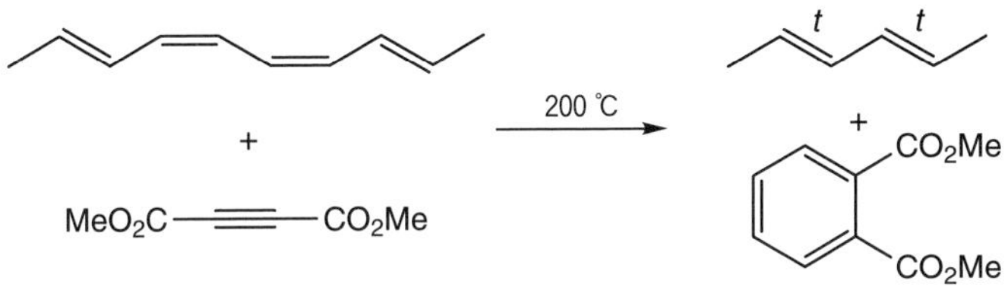

5 シグマトロピー転位

5.1 [1, n]転位：スプラ面型とアンタラ面型

　ペリ環状型の [1, n] シグマトロピー転位の多くの例は，水素原子の移動によるものであり，n = 2, 3, 4, 5, 6, 7 あるいはそれ以上の例が知られている．これらのあるものは，反応に関与する総電子数が (4n+2) であり，またあるものは (4n) である．総電子数の異なるこれら二つの系列では，電子環状反応の場合と同様，反応の立体化学に違いがある．移動する水素原子が共役系の一方の面の端から脱離し，他の末端へ同じ面から結合するような場合，この反応をスプラ面型と表現する．この型式の反応は，総電子数が (4n+2) の時に許容の経路となる．逆に一方の面から離れて反対の面から結合する場合をアンタラ面型と呼び，総電子数が (4n) の時に許容の反応経路となる．これは混乱を招きやすい．なぜなら，これらの反応では，必ずしも Woodward–Hoffmann 則におけるスプラ面型またはアンタラ面型の**反応成分**といういい方をしなくてもよいからである．したがって，用語の使い方は，正確には以前に用いたものと異なっているが，それらの関係は使っているうちにわかってくるだろう．

　これらのすべての反応のうちで最もよく見られるものとして，[1, 5]水素移動反応を取りあげよう．これはスプラ面型移動の典型例であり，水素は C-1 の上面を離れ，C-5 の上面に到達する．この反応は **5.1** のよ

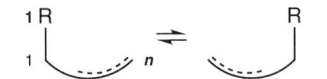

[1, n]という記述は上図の太字に由来する．**n** は上図からすぐ理解できるように，σ結合が共役系にそってC-1 から C-**n** まで移動することを意味している．一方，1 は置換基 R においては移動の前後でそのσ結合のついている原子が変わらないことを意味している（すなわち，R 基中に共役系があっても，C-**n** と結合するのは，もとのσ結合があった原子である）．1 という数字は結合の移動がC-1 から始まることを意味するのではない点に注意せよ．

訳者注 6ページの訳者注も参照のこと．

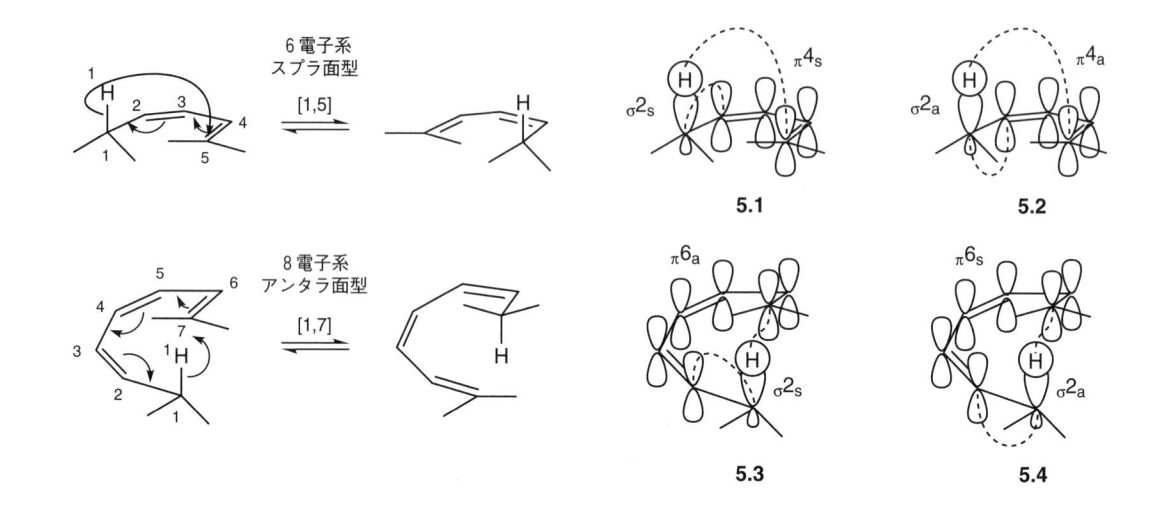

うに $[_\sigma 2_s + _\pi 4_s]$ の過程として，あたかもジエンに対する σ 結合の環状付加であるかのように描くこともできる．ここに至ってスプラ面型という用語の二つの用法の関係が明らかとなる．すなわち，これを **5.2** のように $[_\sigma 2_a + _\pi 4_a]$ 過程として表すこともできるが，それでも両者は同じ反応である．**構造的**にはスプラ面型の移動であるものの，軌道の重なりの発達の様子を **5.2** のように**たまたま描く**と，これは両反応成分に関してアンタラ面型ということになるのである．もちろん，両方とも Woodward–Hoffmann 則に照らして熱的に許容である．

[1,7]水素移動反応では，アンタラ面型移動が許容の経路となる．すなわち，水素原子は C-1 の上面から離れ，C-7 の下面に到達する．これは，**5.3** のように $[_\sigma 2_s + _\pi 6_a]$ 過程として，あるいは **5.4** のように $[_\sigma 2_a + _\pi 6_s]$ 過程としても表現することができる．この場合，**構造的**にはアンタラ面型の移動であるが，軌道の重なりの発達の**描き方**については，一方の反応成分がスプラ面型，他方の反応成分がアンタラ面型を考えるか，あるいはその逆の様式を考えてやればよい．「できるだけ多くの反応成分がスプラ面型となるようにしたほうがよい」という原則（訳者注：66 ページ参照）にのっとれば，**5.2** よりも **5.1** のほうが好ましい．そうすれば，構造的にスプラ面型の反応が，スプラ面型の軌道の重なりとして表現されるからである．同様な意味で，**5.4** よりも **5.3** のほうが望ましい．な

訳者注 「スプラ面型」という用語の二つの用法
① 構造のうえでのスプラ面型（共役系の同じ面での反応）
② Woodward–Hoffmann 則で使用した軌道の重なりの関係におけるスプラ面型

ぜなら，**5.3**ではトリエン系をアンタラ面型の反応成分として取りあげるので，実際の構造的変化，すなわち，水素がトリエン系の一方の面から反対の面へ向けてアンタラ面型で移動すること，と一致した記述になるからである．

　こうした反応が許容の経路をたどっていることは，その立体化学を調べてみれば，確かめられる．すなわち，ジエン**5.5**を加熱すると，スプラ面型の水素移動が起こってジエン**5.6**が生成し，引き続いて重水素のスプラ面型移動によってジエン**5.7**となり，さらにスプラ面型の重水素の移動によって第四の異性体**5.8**が生じる．平衡におけるおもな異性体は，**5.6**（三置換二重結合はE配置，不斉炭素はS配置）と**5.8**（三置換二重結合はZ配置，不斉炭素はR配置）である．他の可能な異性体は検出されないので，[1,5]アンタラ面型の移動は起こっていないことがわかる．

　[1,7]移動反応がアンタラ面型で進行することが最初にいわれ始めたのは，反応が見られるのが非環状化合物〔たとえば**1.16** → **1.17**（１章）〕に限られるという事実からであった．このことは最近になって証明された．すなわち，トリエン**5.10**を平衡化させると，２種類の[1,7]移動生成物**5.9**および**5.11**が生成するが，前者は水素原子のアンタラ面型移動，後者は重水素のアンタラ面型移動に由来するからである．他の異性体の生成は見られない．すなわち，水素原子がC-7（ステロイド命名法ではC-10）の上面へ，あるいは重水素が同じく下面へ移動したような形跡はまったくない．

　[1,5]水素移動反応を最もよく目にするのは，シクロペンタジエン環

の上においてである．そこでは構造的な制約からスプラ面型の反応しか起こりえない．σ結合によってC-1とC-5が互いに接近しているので，**5.12 → 5.13 → 5.14** の反応は室温ですら起こる．しかし重要なことは，これが[1,5]移動であって，[1,2]移動ではないことである．実際，水素原子は隣接位に移動するので，見かけ上は[1,2]移動であるが，この転位は，移動するσ結合がπ系を通してC-5と共役しているからこそ，初めて可能なのである．C-1とC-5との間のσ結合の存在は，反応の進行に本質的なものではない．すなわち，反応点同士を近づけて反応を加速しはするが，反応の本質を変化させることはないのである．

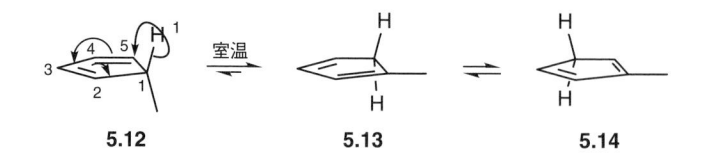

スプラ面型の[1,7]移動が禁制であることは，同様な反応がシクロヘプタトリエン **5.15** では見られないことからも明らかである．この化合物では置換基が一つあるので，反応が進行したかどうかわかるようになっているが，加熱しても，シクロペンタジエンと同様に，一置換異性体のすべてにわたって相互変換が起こるだけである．しかし，これらの異性体が出現する順序から，反応は，**5.15 → 5.16 → 5.17 → 5.18** の許容のスプラ面型[1,5]移動により起きている，ということがわかる．シクロペンタジエンにおける[1,5]移動と比べると，この場合には，水素原子はC-5の近傍にはないので，反応速度ははるかに遅い．光化学的な条件

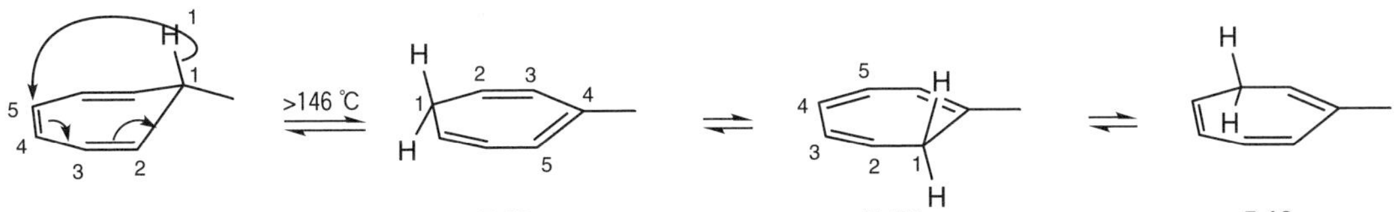

下では，[1,5]移動は非環状化合物についてのみ起こり，アンタラ面型である．光化学的な[1,7]移動はスプラ面型であり，シクロヘプタトリエンでは好ましい経路である．たとえば，**5.15** を光化学的条件下に置くと，反応の最初の生成物として **5.17** が生じ，引き続いて **5.18** や **5.16** を生じてくる．これは，[1,5]スプラ面型の熱的反応とは対照的である．

光化学的な反応条件では，水素の[1,3]スプラ面型移動は許容である．いくつかの1,3-ジエンが光照射下で非共役の1,4-ジエンに転位する反応が知られている．しかし，水素の熱的な[1,3]移動は困難である．軌道を考慮すれば，**5.19** のようなスプラ面型の移動が禁制であることは明らかである．原理的には，**5.20** のようなアンタラ面型の移動は熱的に許容ではあるが，これまで，このような反応が観察されたことはない．なぜなら，C-1 と C-2 との間の π 型の重なりを維持しつつ，同時に水素原子が結合を回りこんで C-3 の下面に到達することは困難だからである．

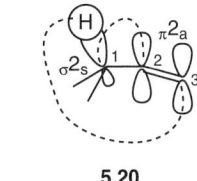

水素以外の元素では，これ以外に二つの新たなケースがでてくる．その第一は次のとおりである．すなわち，金属やハロゲンもシグマトロピー転位を起こす能力があることはあるだろう．しかし，これらについては，ペリ環状反応の場合もあるだろうが，おそらく多くはイオン的な反応であるものと考えられる．すなわち，イオン化と再結合によって，ハロゲンや金属が共役系の一方の端からもう一方の端まで移動するという経路である．第二のケースはもっと興味深い．とくに炭素において，移動基が立体反転でシグマトロピー転位を起こす可能性である．その意味するところを説明するために，まず，炭素原子の[1,3]移動を見てみよう．

5.20 に示した水素原子の[1,3]移動と同様に，**5.21** のような炭素原子のアンタラ面型移動は対称許容である．ここでは二重結合がアンタラ面型の反応成分の役割を果たすわけであるが，これは合理的とはいい難い．もう一つ別の可能性として，**5.22** のように炭素が立体反転しながら，ス

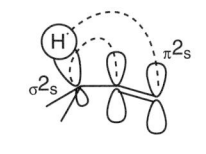

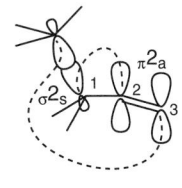

対称許容；空間的には難しいが，可能性はある．

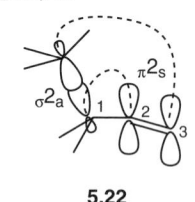

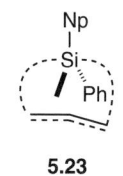

5.22

5.23

訳者注

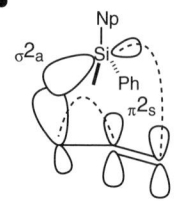

Si−C の長い結合がこのような遷移構造を可能にするかもしれない．Si 原子はアンタラ面型反応成分としてふるまい，立体配置の反転が起こることに注意．

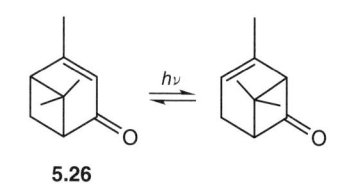

5.26

プラ面型に移動するものがある．ここでは，σ結合がアンタラ面型の反応成分の役割を担う．こうしたことは，s 軌道しかない水素原子では不可能であった．しかし，これもまた可能性は比較的低い．なぜなら，**5.22** の長い破線で示したような，遠く離れた軌道の重なりは有利であるとはいえないからである．しかし，こうした反応経路が皆無というわけではなく，**5.23** のような 500 ℃ でのシリル基の[1,3]スプラ面型移動は，その例に相当するようである．これは Si−C 結合距離が長いことを考慮すれば，一応は合理的である．また，**5.24** → **5.25** に示す，制限のかかった系の熱的な[1,3]移動反応も，こうした経路を経由しているか，もしくは少なくともその関与があるように思われる．立体化学的な標識として導入された重水素は，ビシクロ[3.2.0]ヘプテン **5.24** ではアセトキシ基に対して *trans* であるが，ビシクロ[2.2.1]ヘプテン **5.25** では *cis* となっているので，ルールに従った顕著な立体反転が重水素を有する炭素上で起

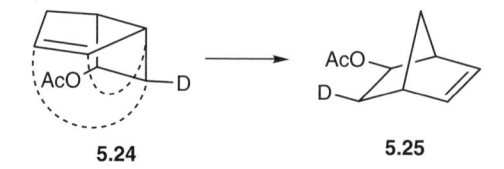

5.24　　**5.25**

こったことがわかる．これが本当にペリ環状反応であるかどうかといった詳しい議論は本書の範囲外である．しかし，少なくともいえることは，[1,3]移動において，σ結合もしくはπ結合をアンタラ面型の反応成分として，効果的な軌道の重なりを確保することは困難であり，炭素上での立体反転を伴う[1,3]移動は非常にまれである，ということである．もちろん，移動基に関して立体保持のスプラ面型移動は光化学的には許容であり，その実例も多い．たとえば，ベルベノン **5.26** の可逆的な[1,3]移動はこれにあたるが，それでも，こうした反応のすべてがペリ環状反応であるとは限らない．

しかし，炭素についても，立体反転をともなう例がまったくないわけではない．必要なことは，共役系が十分長く，遷移構造が無理なく実現されることである．スプラ面型の[1,5]移動は立体保持の時に許容である．これに対し，スプラ面型の[1,7]移動が許容となるには，**5.27** のよ

うな立体反転が必要である．たとえば，ビシクロ[6.1.0]ノナトリエン **5.28** におけるシクロプロパンの手前側のC–C結合はC-7に移動し，異性体のビシクロ[6.1.0]ノナトリエン **5.29** における奥側のC–C結合(＊印をつけてある)となる．移動する炭素上の二つの置換基は，二環骨格に関してシアノ基がエキソ，メチル基がエンドのままである．これは，よく立体保持と誤解されるが，生成物における新たな結合(＊印)は，移動する炭素の向こう側から形成され，解裂する結合は手前側にあることに注意したい．したがって，移動する原子に関する限り立体反転である．おそらく直観的には逆に思えるかもしれないが，立体保持で反応した場合は置換基が互いに位置を入れ替える結果となる．

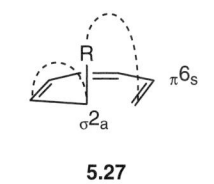

　これらの対称許容の[1, n]シグマトロピー転位をまとめると，次ページの図5.1のようになる．ここで，sとaはそれぞれスプラ面型とアンタラ面型を示し，rとiは移動中心における立体保持(retention)と立体反転(inversion)を意味している．移動基が水素の場合は，立体反転を含む反応経路は考慮しない．

　こうした表を暗記する必要はない．なぜなら，熱的に起こる反応は次のように簡単にまとめられるからである．もし，総電子数が$(4n+2)$であればスプラ面型の反応で，移動中心について立体保持の過程が対称許容である．同様に形式的には(実際には不可能だとしても)，立体反転を伴うアンタラ面型の移動も対称許容である．$(4n)$電子系の反応はこの逆となる．また，光化学的な反応のルールは，熱的反応のルールとは逆になる．もし，この種の反応に出会ったら，60ページおよび67ページに記した簡潔なWoodward–Hoffmann則に常に立ち返って，チェックしてみるのが賢明である．このルールは，ここに記したものよりも長い共役系を含め，すべてを網羅するものである．

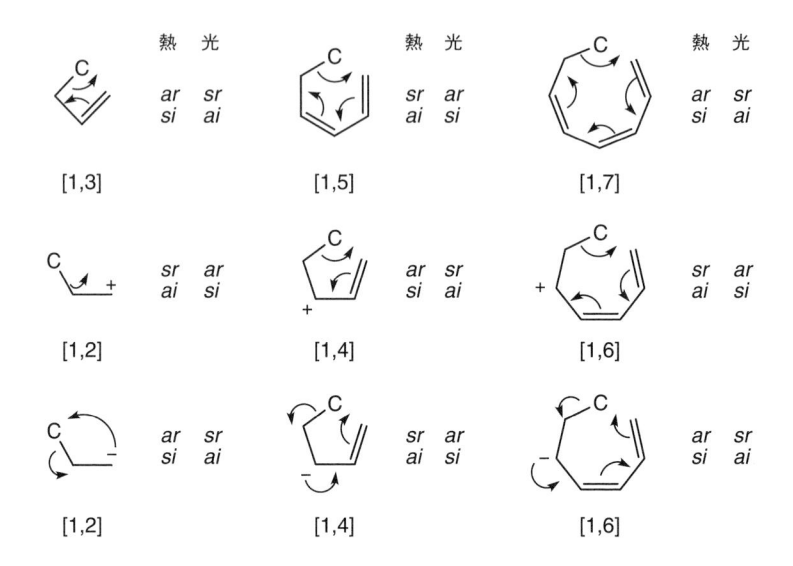

図 5.1
[1, *n*]シグマトロピー反応における Woodward–Hoffmann 則

図 5.1 には，いくつかのイオン構造を有する共役系も示した．この中で最も単純で，最もよく知られているのは，カチオン **5.30** の [1, 2] 移動である．移動先，起点および移動基のすべてが炭素原子から成っている場合の反応は，Wagner–Meerwein 転位として知られている．一方，移動先が窒素原子の場合は，Curtius 転位，Beckmann 転位や Lossen 転位などが知られ，また，これが酸素の場合の最も特徴的な例は Baeyer–Villiger 反応である．これらの反応のすべては，移動基に関して立体保持で進行することがよく知られている．今や，われわれの見方でいえば，

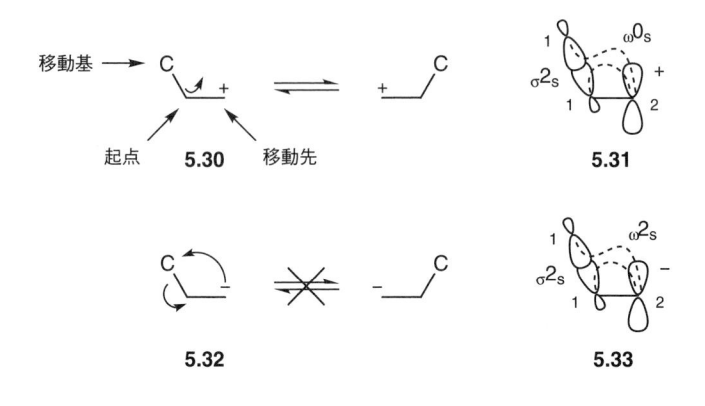

5.31 のように立体保持の[1,2]シグマトロピー転位は対称許容の[$_\sigma2_s+_\omega0_s$]過程といえる．これとは対照的に，**5.32** に示すアニオンの[1,2]移動はまれである．これは，[$_\sigma2_s+_\omega2_s$]過程 **5.33** が一見起こりやすそうに見えるが，実は対称禁制であることを反映している．反応が起こるには，[$_\sigma2_s+_\omega2_a$]や[$_\sigma2_a+_\omega2_s$]の配置を必要とするが，これらは空間的に無理である．

しかし，まれではあるがアニオンの[1,2]移動反応の例が知られており，それらはしばしば混乱のもととなってきた．これを段階的なイオン反応として理解することは，合理的とは思えない．なぜなら，解離したイオンが十分安定化されないからである．現在では，こうした反応のほとんどが，ラジカル的な結合解裂を経て進行することが明らかにされている．その典型例は，**5.34 → 5.36** の 1,2-Stevens 転位であり，まさに段階的に，**5.34 → 5.35** のラジカル解裂と再結合（**5.35 → 5.36**）の二つの過程を経て進行する．

シクロオクテニルカチオン **5.37** においては，水素の[1,4]移動は起こらない．スプラ面型の反応は禁制であり，アンタラ面型の反応は空間的に無理がある．しかし，シクロオクタジエニルカチオン **5.38** における[1,6]移動は許容であり，実際に進行する．これはスプラ面型の反応に

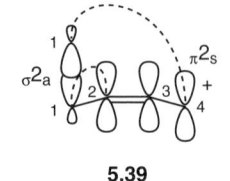

違いない．この **5.37** と **5.38** の比較実験は，水素原子の移動すべき距離が双方についてほぼ等しくなるように綿密に設計されており，したがって，ルールに合うかどうかが決定的な差となって現れている．

一方，アリルカチオンにおける炭素の[1,4]スプラ面型移動は起こりうる．なぜなら，**5.39** のように，移動する炭素について立体反転が起ればよいからである．これに関する最も印象深い例は，二環性カチオン **5.40** の多重転位(degenerate rearrangement)である．これは，架橋がぐるぐると五員環の周囲を動き回る反応である．この分子運動によって＊印をつけた五つのメチル基は NMR の時間尺度で等価となり，15 プロトン分の鋭い一重線が現れる．同時に，残りの二つのメチル基は，3 プロ

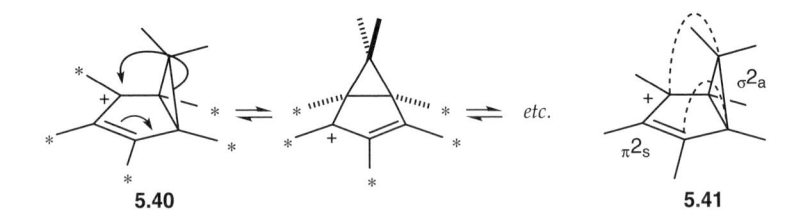

トン分の別べつの 2 本の一重線として観測される．これは，エンドのメチル基はエンドのまま，エキソのメチル基はエキソのままであることを示している．これに似た分子運動は，先に示したビシクロノナトリエン **5.28** においても見られたが，すなわち，移動基の立体反転により，置換基同士の位置関係が変化しないのである．たとえていえば，あたかもよく訓練された架橋原子が，**5.41** に示すルールを毎回忠実に守りつつ，環の周囲を行進しているかのようである．

アニオンのシグマトロピー転位はさらに例が少ない．しかし，共役アニオン **5.42** が共役アニオン **5.45** に異性化する過程は，おそらく **5.43** → **5.44** のような[1,6]移動を経由するものであろう．分子内反応であることはわかっているが，その立体化学(アンタラ面型が許容である)を調べることはできない．そもそもこの反応が起こるには，共役系の幾何配置が **5.43** のようにすべて Z 形になる必要がある．このことは対イオンであるリチウムがアニオンと可逆的に σ 結合を形成し，アニオンにおける連続した軌道の重なりを取り除くことによって容易に可能になる．

最後に述べる例では，その立体化学を検証することはできないが，双性イオン中間体 **5.46** において，水素原子が，対称許容のスプラ面型の [1,4] 移動を明らかに起こしている．第一段階は光化学的な電子環状反応で，同旋的6電子過程であるが，第二段階はおそらく光化学的なものではない．なぜなら，中間体 **5.46** はもう1光量子を吸収できるほど寿命が長くはなさそうだからである．光化学反応はしばしば高エネルギー中間体を生みだすが，これらは熱的な過程で次の反応を起こすことが多い．

5.2 [m, n]転位

ここまで述べてきた σ 結合の移動は，結合の一方の端で起こるものだけであった．したがって，これらはすべて [1, n] 移動であった．しかし，移動基において σ 結合が共役系に沿って m 原子分，もう一方の端まで移動することもある．たとえば，1章に記した [3, 3] Claisen 転位 **1.13** → **1.14** は，その例である．これは，[m, n] 型に分類される転位反応のうちでも最も重要なものである．**5.48** → **5.49** のように，すべて炭素から成る系の反応は Cope 転位と呼ばれ，この例ではシクロブタンの環ひずみの解消が反応の推進力となっている．主鎖の中に酸素原子が含まれている場合は Claisen 転位と呼ばれ，**1.13** → **1.14** のような芳香族系の反応もあるし，**5.50** → **5.51** のように非環状系の反応もある．Claisen-Cope 転位という反応名は，反応成分に硫黄や窒素を有する類縁反応まで含め，

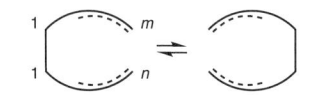

訳者注 この用語法については，6ページの訳者注を参照のこと．

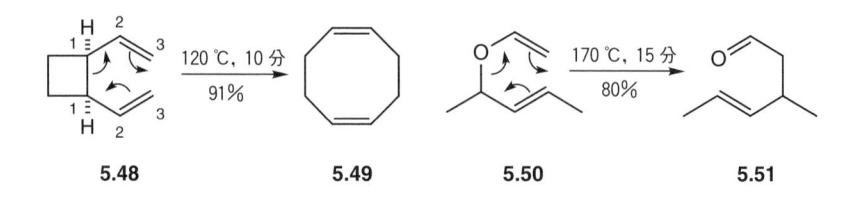

5.48 → **5.49** （120 ℃, 10 分, 91%）

5.50 → **5.51** （170 ℃, 15 分, 80%）

訳者注

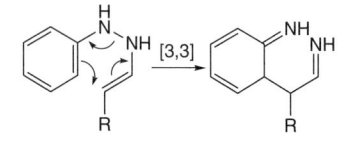

Fischer のインドール合成での [3,3] シグマトロピー転位

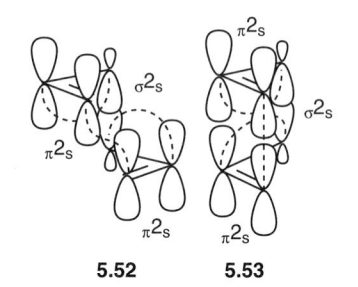

5.52　**5.53**

特別な制約がなければ，いす形の遷移状態のほうが，舟形のそれよりもエネルギー的に有利となる．

すべての[3,3]シグマトロピー転位の総称として使われることもある．ちなみに，Fischer のインドール合成は二つの窒素原子を含む系の[3,3]シグマトロピー転位を経由しているが，いわば別格の扱いである．

さて，こうした反応は，三つの反応成分がすべてスプラ面型の時に対称許容となる．しかし，反応成分すべてがスプラ面型になる場合には，比較的到達しやすい2種類の遷移構造がある．すなわち，いす形のもの **5.52** と舟形のもの **5.53** であり，これらはいずれも[$_\pi 2_s + _\sigma 2_s + _\pi 2_s$]である．**5.48** → **5.49** の反応では，二つの cis の二重結合を有する生成物が得られている．これは，必然的に舟形の遷移構造を経由していることになるが，おそらく，この系では生成物の環の中に trans 二重結合を形成することに多大なエネルギーを必要とするためであろう．非環状系での有利な遷移構造を見いだすため，ジアステレオマーの関係にあるヘキサ-1,5-ジエンの S^*,S^*-**5.54** と R,S-**5.54** を別々に加熱した．その結果，S^*,S^*-**5.54** からはおもに E,E-**5.55** が，R,S-**5.54** からはおもに E,Z-**5.55** が生じた．この結果から，非環状系の転位においては，いす形の遷移構造が有利であることが示された．舟形の遷移構造が含まれているとすると，S^*,S^*-**5.54** からは E,Z-**5.55** が，R,S-**5.54** からは E,E-**5.55** が生じたはずだからである．

この結論は，Ireland−Claisen 転位 **5.56** → **5.58** に適用されている．こ

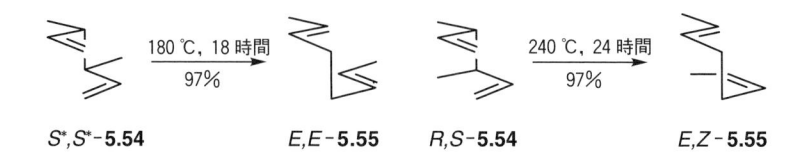

S^*,S^*-**5.54** → E,E-**5.55** （180 ℃, 18 時間, 97%）

R,S-**5.54** → E,Z-**5.55** （240 ℃, 24 時間, 97%）

の反応は，[3,3]シグマトロピー転位として，最もよく用いられているものである．その理由は，いす形の遷移構造 **5.57** を通じ，高度に予測可能な形で，有用な置換基のついた二つの不斉中心を構築できるからである．

この反応では，エノラートのオキシアニオン（あるいはシリルオキシ基）が，単純な Claisen 系と比べて加速効果をもたらしているように見える．しかし，もっと劇的な反応加速が見られるのは，Cope 系においてテトラヘドラルな炭素にオキシアニオン置換基がついた場合である．たとえば，**5.59** → **5.61** の反応は，通常の Cope 転位よりもはるかに低温で進

わかりやすい図の描き方：**5.59** の原子を動かすことなく，曲がった矢印の定義に従って結合の切断と形成を描いてみれば，**5.60** の構造となる．

行し，よくオキシ-Cope 転位と呼ばれる．なお，この転位反応においては，出発物質 **5.59** から生成物 **5.61** への構造変化がすぐには理解できず，生成物をうまく図示できないことがある．こうした時に助けとなるのは，曲がった矢印がたどった変化だけをもとに，まず生成物を **5.60** のように描いてみることである．こうすると，反応（**5.59** の矢印）によって生成物 **5.61** が生じる様子を，より簡単に見ることができる．

5.62 → **5.63** のように，Claisen 転位の段階の後で芳香化することができない時には，Cope 転位が起こってパラ置換フェノール **5.64** を生じる．**5.65** のようなもっと長い共役系では，より直接的にパラ位への炭素鎖の供給が起こり，主生成物としてフェノール **5.67** を与える．この時，通常の Claisen 転位による生成物も生じる．**5.62** の末端メチル基の存在に

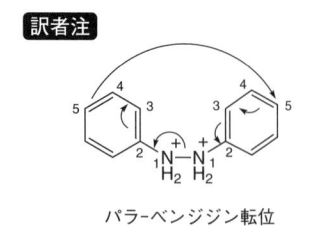

よってわかることは，この反応が二度の連続した[3,3]シグマトロピー転位によるものであり，直接の[3,5]転位ではないということである．同様に，**5.65** における末端メチル基によって，この反応が **5.65→5.66** のような[5,5]転位であって，二度の連続した[3,3]転位ではないことがわかった．[5,5]転位は，**5.68** に示すように，すべてがスプラ面型の時に許容で，このような配置をとることは困難ではない．パラ-ベンジジン転位もまた[5,5]過程である．

現在のところの世界記録は，[9,9]ビスフェニローグ **5.69 → 5.70** のベンジジン転位(次ページ)である．

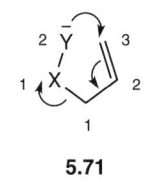

5.71 に示す[2,3]シグマトロピー転位には，五つの原子から成る分子鎖にどんな原子が含まれているかによって，多くの類例がある．先に8ページに示したスルホキシド **1.18** の Mislow ラセミ化(Mislow racemization)は，その一例である．五つの原子がすべて炭素原子で構成されている例もあるが，多くの場合 Y = O であり，またよく知られている一群の反応として X=O, N, S の場合がある．X=O, Y=C の時は[2,3]Wittig 転位と呼ばれ，ビスアリルエーテル **5.72** と強塩基との反応がその例である．塩基による脱プロトン化は，アリルエーテル **5.72** の酸

素に隣接したアリル炭素のうち，置換基のより少ない側で起こる．その結果，生じたアニオン **5.73** が転位して，炭素鎖上の二つの置換基がアンチの関係にあるアルコール **5.74** が，かなり高い選択性で生成する．

この転位は Woodward–Hoffmann 則に従っており，**5.75** のように許容の [$_\sigma 2_s + _\omega 2_s + _\pi 2_s$] 過程として表現される．推定される遷移構造は，封筒形の配座をしており，頭部では σ 型の軌道の重なりが，側面では π 型の軌道の重なりが正しく発達するようになっている．**5.75** の中の破線のうちの 1 本，すなわち酸素とカルボアニオン中心とを結ぶものは，これまでに述べてきたものとはやや異なっていて，カルボアニオン中心が出発物質の C–O の σ 結合と共役していることを示している．したがって，環状の遷移構造においては，すべての軌道が共役しており，**5.71** や **5.73** における曲がった矢印が完全な環をつくらないにもかかわらず，反応はペリ環状反応としての要件を満たしている．

同様に，X = N または S の場合について述べよう．第四級アンモニウム塩 **5.76** は，エステルの α 位で脱プロトン化され，アンモニウムイリド **5.77** を生じ，これが環拡大を起こしながら転位すると，*trans* 二重結合

をもつ九員環化合物 **5.78** が生じる．スルフィド **5.79** を分子内アルキル化した後，引き続いて脱プロトン化すると，スルホニウムイリド **5.80** が生成し，これが環拡大を伴う転位反応を起こせば，架橋スルフィド構造をもつシクロデカノン **5.81** が生成する．

5.75 の遷移構造もまた，これらの反応の立体制御における有用性を示唆している．すべての[2,3]Wittig 転位にあてはまるわけではないが，好ましい封筒形の立体配座において，イソプロピル基が擬エクアトリアル位に，アニオンを安定化するビニル基がエキソ位に位置し，封筒の折りたたみ構造を避けるような位置関係となる．その結果が **5.74** であるが，これは *trans* の二重結合を有し，メチル基とヒドロキシ基は炭素鎖上でアンチの関係となる．しかし，二重結合が *cis* だったとしたら，メチル基とヒドロキシ基はシンの関係にあり，それぞれ炭素鎖の後ろ側にあったはずである．アンモニウムイリド **5.77** は，これとはやや異なった例である．すなわち，遷移構造においてアニオン安定化基(エトキシカルボニル基)はエンドの位置にあり，生成物 **5.78** ではこれが擬エクアトリアル位にある．

Mislow のスルホキシドの[2,3]シグマトロピー転位は，反応機構的におもしろいだけではない．なぜなら，中間体のスルフェン酸エステル **5.83** は親硫黄剤で捕捉することができ，光学活性なスルホキシド **5.82** から，転位生成物であるアリルアルコール **5.84** を同じ光学純度で得ること

ができるからである．これは **5.85** のような官能基のスプラ面型移動に由来する．

5.82 **5.83** **5.84** **5.85**

この種の反応には多くの類例があり，たとえばケトン **5.86** のプロトン化によって発生したカチオン **5.87** の[3,4]移動などもある．アリル型の移動が起こっていることは，＊印をつけた炭素を重水素標識して実験を行った時に，生成物 **5.88** における重水素がベンジル位に位置していることから証明される．

5.86 **5.87** **5.88**

[2,3]Wittig 転位のビニローグ(vinylogue)も知られており，たとえばアンモニウムイリド **5.90** の[4,5]移動はその一例である．この中間体は，先にイリド **5.76** で見たのとまったく同じように，[2,3]移動も起こしうる．しかし，シグマトロピー転位は，主として，より長い系について起こる．他の可能性としての[2,5]移動や[3,4]移動は，両方の反

5.89 **5.90** **5.91**

応成分についてスプラ面型の時には禁制である．共役系が長い場合は，一方の側の反応成分をアンタラ面型とした遷移構造もありうるが，これらは全スプラ面型の経路と競合できるほど有利ではない．

構造的にも対称性の点でも許容の遷移構造をもつ **5.90** のような場合，より長い共役系が使われることは，必ずとはいえないまでも，よく見かけることである．たとえば，[8+2]環化付加反応（22 ページ）や[6+4]環化付加反応（23 ページ），および[14+2]環化付加反応（67 ページ）などは，当然起こりうる Diels–Alder 反応に優先して起こる．また，**4.51** や **4.54**（96 ページ）のような 8 電子の関与した電子環状反応は，逆旋的なヘキサトリエンからシクロヘキサジエン系への反応よりも優先して起こる．このような選択性をペリ選択性（periselectivity）と呼ぶ．

より深く学ぶための参考書

Claisen 転位と Cope 転位：S. J. Rhoads and N. R. Raulins, *Org. React.* (*NY*), **22**, 1 (1975)；これらの関連反応に COS の数章が割かれている：Vol. 5, ed. L. A. Paquette：R. K. Hill, Ch. 7.1；P. Wipf, Ch. 7.2；F. E. Ziegler, Ch. 7.3；E. Piers, Ch. 8.2.

[2,3]シグマトロピー転位：R. Brückner, Ch. 4.6 in *COS*, Vol. 6, ed. E. Winterfeldt.

問題

5.1 次に示す反応は，1 回あるいは複数回のシグマトロピー転位を経由して進行する．各反応段階を示し，それらが Woodward–Hoffmann 則に従っていることを確認せよ．

(a)

5.2 次の反応はいずれも2段階で進行している．各反応段階を示し，波線で表されている部分の立体化学を決定せよ．

6 グループ移動反応

6.1 ジイミド還元およびその関連反応

9ページの **1.25** に示したジイミド還元は，ヒドラジンの酸化などにより発生させたジイミド(HN=NH)を用いる反応である．これは二つのグループの移動を伴う反応としては，ほとんど唯一の例である．このジイミド還元は，あまり立体障害の大きくない二重結合や三重結合についてうまく進行する．また，接触水素添加反応において含硫黄化合物があると，触媒が被毒されて反応の進行が妨げられることがあるが，ジイミドを用いればその心配もない．さらに，C=O のような異核二重結合 (heteronuclear double bond) よりも，C=C や N=N など等核二重結合 (homonuclear double bond) に選択的に反応するのも特徴的である．こうした選択性は，おそらく対称性に重きが置かれるペリ環状反応ならではの特徴に由来するのであろう．シン形の立体特異性はまさにそうであり，すべての反応成分がスプラ面型である，許容な反応経路 **6.1** に相当している．一方，そのペリ環状型の性質ゆえに，この反応は対応する重水素化には適さないこととなる．なぜなら，二つの N–D 結合が協奏的に切断されることは，同位体効果によってエネルギー的に不利だからである．

二つの水素を協奏的に供給するような反応剤は，ジイミド以外には数えるほどしかない．たとえば，反応 **6.2** (矢印を見よ) のように，反応す

ることによって芳香族性を二重に獲得することや，あるいは分子内反応であることによって，反応に必要とされる高度に秩序だった分子配置が用意されていること，などの条件が必要だからである．1,4-シクロヘキサジエン **6.3** がアントラセン **6.4** を還元するような10電子のビス-ビニローグ(bisvinylogue)も知られている．すべての反応成分がスプラ面型である時，明らかに許容となる．しかし，重水素標識実験によると，水素は必ずしもシン形で供給されているわけではない．したがって，これはペリ環状反応ではない．ここでもう一度思いだしておきたいことは，ルールに従っていそうな反応のすべてがペリ環状反応であるとはいいきれないことである．

これらの反応のすべてに共通する困難な問題は，二つの σ 結合が同時に切断されなければならないことであり，こうした制限条件を克服できる有機反応の数がきわめて限られるだろうことは，想像に難くない．

6.2 エン反応

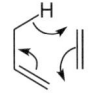

エン反応は一つの σ 結合の切断で済むので，もっと簡単である．もちろん，π 結合の切断だけの Diels–Alder 反応ほどは容易でない．エン反応は，同様な Diels–Alder 反応と比較して，通常，100 ℃ あるいはそれ以上高い温度を必要とする．Diels–Alder 反応の場合と同様に，親エン体に電子求引性基を導入したり，エン成分に電子供与性基を導入したりすれば，反応が加速される．非対称な親エン体 **6.5** を用いた反応では，生成物として **6.6**，すなわち，アルケン炭素がエノン系の β 位を攻撃し，

6.2 エン反応

水素原子が α 位に結合した異性体が位置選択的に得られる．**6.7** → **6.8** のように Lewis 酸触媒を用いると，反応はずっと容易になる．

6.10 ＋ **6.11** → **6.12** の反応は，立体経路に関するいくつかのポイントを示している．**6.9** の遷移構造は，対称許容の，6 電子の全スプラ面型であり，封筒形の配座をとっている．新しく形成されつつある二つの σ 結合は上向きに親エン体のほうを向き，また親エン体はちょうど Diels–Alder 反応の時と同じように配置する．そのため，電子求引性基はエンド側になり，封筒の折り目の上方に位置している．その結果，親エン体が α-置換基をもち，アルケンが C-3 に置換基をもつ場合には，**6.12** の＊印で示した 1,3 の関係にある相対立体化学の制御が可能である．この種の立体制御は Woodward–Hoffmann 則自体に支配されているのではなく，全スプラ面型の反応において生じる二次的効果に基づくものである．C-2 にアルキル基（R）があるので，C-4 メチル基ではなく，C-1 のメチル基が水素を供与するように機能する．

エン反応は，とくに分子内反応に組み込まれた場合に，合成的な威力

を発揮する．通常，分子内反応では反応速度が向上するが，これによって比較的反応性の低い反応成分とも反応することが可能になる．たとえば，ジエン **6.13** の反応は，遷移構造 **6.14** を経由して，主として cis 体の二置換シクロペンタン **6.15** を（選択性 14：1）与える．このように cis 体が生成することは，ペリ環状反応のルールによって律せられているのではないことに注意すべきである．すなわち，二重結合同士が3炭素鎖でつながれているため，折りたたみ二環構造の同じ側に二つの水素原子がくるように配向した遷移構造 **6.14** がエネルギー的に有利なためである．こうした立体化学的な制限は，六員環と五員環とから成る二環系では通常 cis の縮環様式のほうがエネルギーが低いことと関係がある．

こうした反応は，分子骨格に酸素原子が含まれている場合でも起こる．**6.16** のように親エン体がカルボニル基である場合を Prins 反応と呼ぶが，通常は酸触媒条件で進行し，ペリ環状反応ではない．しかし，**6.17** → **6.19** に示す気相での分子内反応は，おそらく **6.18** のような遷移構造を経

由したペリ環状反応であると考えられる．なぜなら，酸触媒下では，まったく異なる生成物が得られるからである．

また，酸素原子に結合した水素が供与される反応 **6.20** もある．熱的条件下でエノールとアルケンとからケトンが生じる反応は，Conia 反応と

呼ばれ，通常，分子内反応に適用すると最も有用である．一般的に，非対称な系でエノールを位置選択的に生成させることは困難なので，この反応は制御しにくい．二つ以上の可能性があるエノール化様式のうち，望むものだけが起こるかどうか次第だからである．しかし，この条件さえ満たされれば，こうした反応は効果的な合成手法となる．たとえば，ジヒドロカルボン **6.21** から，エノール **6.22** を経由し，ショウノウ **6.23** を一段階で合成することができる．

6.3 逆エン反応と他の熱的な脱離反応

すべて炭素から成る系のエン反応において，**6.24** のように環ひずみが解消されるような場合には，逆反応も起こりうる．これは，[1,5] シグマトロピー転位の同族と見なせるので興味深い．「シクロプロパンの化学はアルケンの化学と類似性がある」とよくいわれるが，**6.24** の例もこの類似性を示している．分子内骨格の中にヘテロ原子がある場合には，上記のようなひずみ解消の要素がなくても逆反応を推進することができる．たとえばアセタートやベンゾアートなどは，熱分解により環状遷移構造を経る β 脱離反応を起こす．この形式の脱離反応は，立体特異的にシン形で進む．これは，"全スプラ面型で進む" という要請からくるものなので，本質的にこの β 脱離反応は逆エン反応 (retro-ene reaction) である．反応に要する温度は通常 400 ℃ ぐらいとかなり高く，真空フラッシュ熱分解の条件で行うのがよい．しかし，キサントゲン酸エステルを用いた Chugaev 反応 **6.25** → **6.26** + **6.27**（次ページ）は，比較的温和な条件で進行する．反応温度は 150 〜 250 ℃ ぐらいである．

6.28 のような 5 原子系では，6 原子系と比べ，さらに温和な条件で環状脱離反応 (cycloelimination) が起こる．ただし，関与する電子数は依然

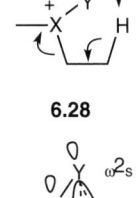

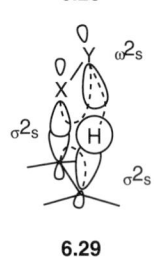

として 6 電子である．これは逆エン反応ではないが，逆グループ移動反応 (retro group transfer reaction) であり，**6.29** のように全スプラ面型の時に許容となる．N-オキシド **6.30** の熱分解を Cope 脱離反応と呼び，通常は 120 ℃ 付近で進行する．対応するスルホキシド **6.31** ($X = S$) では通常 80 ℃ ぐらい，さらにセレノキシド ($X = Se$) の脱離はもっと容易に，室温あるいはそれ以下の温度で進む．これらの反応は官能基の有無に左右されるので，上述の反応温度はあくまで目安である．しかし，すべて立体特異的にシン形で反応する点では共通している．

より深く学ぶための参考書

エン反応：H. M. R. Hoffmann, *Angew. Chem., Int. Ed. Engl.*, **8**, 55 (1969); W. Oppolzer and V. Snieckus, *Angew. Chem., Int. Ed. Engl.*, **17**, 556 (1978); B. B. Snider in *COS*, Vol. 5, Ch. 1.1; 脱離反応：P. C. Asties, S. V. Mortlock and E. J. Thomas, in *COS*, Vol. 6, Ch. 5.3.

問題

6.1 キラルなメチル基をもつ **6.33** は，**6.32** から 2 回のペリ環状反応を経て合成できる．各反応段階を示し，それらが Woodward–Hoffmann 則に従っていることを確認せよ．

総合問題
（これまでの章の内容も含んでいる）

6.2 以下の反応は，複数のペリ環状反応を含んでいる．すべてのペリ環状反応を特定し，それらの考えられる遷移構造(Woodward–Hoffmann 則に従ったもの)を描け．

6.3 **6.34** を加熱すると異常 Claisen 転位生成物 **6.36** が得られる．これは，通常の Claisen 転位生成物 **6.35** を経由して生成することが知

られている。**6.36** の生成機構を説明せよ．

6.4 四環性天然物 **6.38** は，直鎖状のポリエン **6.37** を 100 ℃ に加熱することによって合成できる．この反応は生合成経路でも起こっていると考えられ，そのすべての反応段階はペリ環状反応である．各段階を明らかにせよ．

6.5 以下の反応では，主生成物は二つのペリ環状反応により，副生成物は三つのペリ環状反応により，それぞれ生成している．それらの反応を示せ（ヒント：4 種類のペリ環状反応のすべてが含まれている）．

問題の解答

1.1 (a) Diels–Alder 反応によるシクロヘキサ-1,4-ジエン[**A**]の生成,ついで逆環状付加反応(4 ページの訳者注を参照)による水素分子の脱離.
(b) シクロブテンの電子環状反応(開環反応)によるヘキサトリエン[**B**]の生成,ついで[**B**]の電子環状反応による閉環反応.
(c) ジイミドによる水素 2 分子のグループ移動反応による *cis,cis*-ジエン **A.1**[**C**]の生成,ついで **A.1**[**C**]の[1,5]水素移動による異性化.
(d) 逆キレトロピー反応による一酸化炭素[**D**]の脱離と **A.2**[**E**]の生成,**A.2**[**E**]の逆 Diels–Alder 反応.

2.1 2 位のメチル基の立体障害で s-*trans* 体 **A.3** のエネルギーが上昇し,s-*cis* 体のエネルギーに近づく結果,相対的に s-*cis* 体の存在比が高くなるため. *cis*-ピペリレン **A.4** では 1 位のメチル基と 4 位の炭素の立体障害により,s-*cis* 体の存在比が小さくなる.

2.2 (a) 1,3-双極子 **A.5** とマロン酸ジメチルとの 1,3-双極環化付加反応.
(b) アリルカチオン **A.6** とジエンのペリ環状的な[4+2]環化付加反応.
(c) エノールのヒドロキシ基の水素が移動し,生じたペンタジエニルカチオン-エノラートと分子内アルケンとのペリ環状的な[4+2]環化付加反応.

2.3 (左) C≡N 基と 3,6 位での Diels–Alder 反応,ついで逆 Diels–Alder 反応による窒素分子の脱離.
(右) C≡C 基と 2,5 位での Diels–Alder 反応,ついで逆 Diels–Alder 反応による PhC≡N 分子の脱離.

2.4 (左) *p*-ベンゾキノンとシクロヘキサ-1,3-ジエンとの Diels–Alder 反応,ついで紫外光照射下での分子内[2+2]環化付加反応.
(中) 1 mol のアセチレンジカルボン酸ジメチルと 2 mol のブタジエンとによる 2 回の Diels–Alder 反応,ついで紫外光照射下での分子内[2+2]環化付加反応.
(右) *o*-キノジメタン(88 ページの **4.7**)とフランとの Diels–Alder 反応,ついでオゾンとの 1,3-双極環化付加反応によるモルオゾニドの生成.これはさらに逆環化付加反応,別の 1,3-双極環化付加反応で生成物(オゾニ

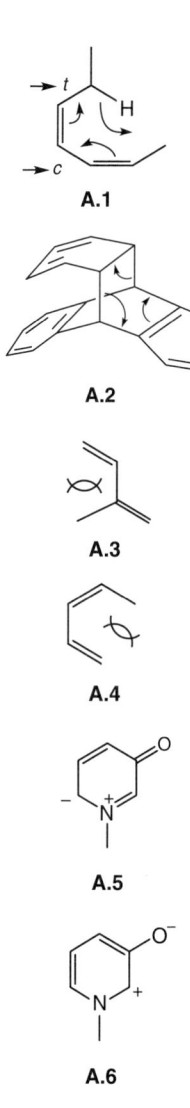

2.5 この[4+2]環化付加反応が進行することにより，シクロブタジエンの有する「反芳香族性」が2分子分失われること．また反応に関与する軌道が空間的に重なりやすいこと(通常のジエンの C-1 と C-4 は，空間的にこの場合よりもはるかに離れている).

3.1 アリル系のフロンティア軌道の形状については **3.63** (79 ページ)を参照のこと．アリルアニオンの HOMO は ψ_2, LUMO は ψ_3, アリルカチオンの HOMO は ψ_1, LUMO は ψ_2 である．

3.2 3.65 は2段階のイオン反応により，**3.66** は Diels–Alder 反応により生成する．極性溶媒中ではイオン反応が加速される．

3.3 (上) **2.81** (25 ページ)に示したような光化学的な[4+4]環化付加反応，ついで逆 Diels–Alder 反応.
(中) シクロヘキサジエン部とアセチレンジカルボン酸メチルの Diels–Alder 反応，ついで逆 Diels–Alder 反応.
(下) 1,3-双極子 **A.7** とアルケンの 1,3-双極環化付加反応による **A.8** の生成．2段階目は逆双極環化付加反応による **A.9** と CO_2 の生成．3段階目は分子内 1,3-双極環化付加反応．

3.4 (上) 強塩基によりベンジル位のプロトンが引き抜かれ，生じたアニオンの熱による逆環化付加反応．アリルアニオンと等電子構造の安息香酸アニオンとアルケンの[4+2]環化付加反応の逆反応と考えればよい．両反応成分ともスプラ面型で反応するので，1,2-trans 体からの生成物は trans-シクロオクテンとなる．**A.10** に示した遷移状態構造を描くことができるようになること．
(下) 光化学的な逆[2+2]環化付加反応．両反応成分ともスプラ面型で反応するので，生成物は trans の二重結合をもつことになる．

4.2 (上) **4.120** は 4 電子系なので，同旋的な電子環状反応による閉環を起こす．逆反応により **4.120** に戻るが，閉環生成物が回転が逆の同旋的な電子環状反応(開環反応)を起こすと **4.121** となり，**4.120** との平衡混合物となる．
(下) **4.123** のケトンの炭素原子はカチオン性を有するので，2 電子系の電子環状反応を起こす．シクロプロパン環の開環と生じるアリルカチオン等電子構造体の閉環は，ともに逆旋的な反応なので **4.125** は生じない．

4.3 (a) 電子環状反応(4 電子系)による同旋的な閉環反応，新たに trans, cis, trans-トリエンが生成する．このトリエン(6 電子系)の逆旋的な電子環状反応(閉環反応)で，cis 体が生じる．
(b) シクロブテン部の電子環状反応による同旋的な開環反応により，trans,

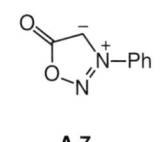

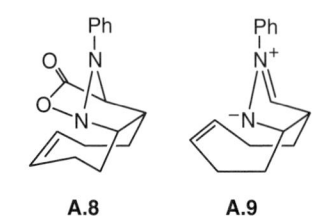

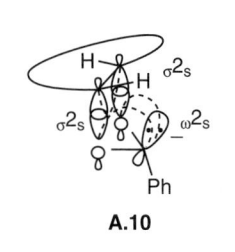

cis, cis, cis, cis-シクロデカペンタエン **A.11** が生成．ついで生じたペンタエンの cis, cis, trans-トリエン部（6 電子系）の電子環状反応による逆旋的な閉環反応．trans 体が生成．

(c) シクロブテン部の電子環状反応による同旋的な開環反応により，trans, trans-ジエンが生成．これがアクリル酸メチルと Diels–Alder 反応を起こし，エンド付加体を生じる．したがって，"パラ"付加体で，かつすべての置換基が cis であるものが主生成物である．**2.113→2.114**（32 ページ）を参照せよ．

4.4 (a) 光化学的な電子環状反応（4 電子系）による逆旋的な開環反応，アゾメチンイリド **4.78**（100 ページ）が生じる．これが，アセチレンジカルボン酸ジメチルと熱的な [4_s+2_s] 環化付加反応を起こす．

(b) ベンゾシクロブタンの電子環状反応による開環反応により o-キノジメタンが生成．これが三重結合部と分子内 [4+2] 環化付加反応を起こす．**2.146 → 2.148** の反応と同様である（36 ページ）．ついで逆環状付加反応により水素分子が脱離．

(c) まず **4.51 → 4.53**（96 ページ）が起こる．**4.53** がアセチレンジカルボン酸ジメチルと Diels–Alder 反応を起こし，ついで逆 Diels–Alder 反応によりフタル酸ジメチルと trans-3,4-ジメチルシクロブテンが生じる．trans-3,4-ジメチルシクロブテンの電子環状反応（同旋的な開環反応）で，trans, trans-ジエンが生成．

5.1 (a) Mislow 転位，ついで逆 Mislow 転位．2 回の [2,3] 転位により，スルホキシド基があたかも宙返りをするように分子の右端から左端へ移動している．

(b) LiNPr$^i_2$ と ^{t}BuMe$_2$SiCl によりビス（エノールシリルエーテル）が生成．二度のスプラ面型の Ireland–Claisen 転位が起こる．

(c) Claisen 転位，ついで二度の Cope 転位．いずれもいす形の遷移構造をとるので，二重結合部は trans となる．

5.2 (a) シクロブテン部の電子環状反応（同旋的な開環反応），ついで [1,5] 水素移動により，cis の二重結合が生じる．

(b) いす形遷移構造を経由する Cope 転位により cis-1,2-trans-1'-プロペニルシクロブタン **A.12** が生じる．次に舟形の遷移構造を経由する 2 回目の Cope 転位により cis, cis-シクロオクタジエンが生成するが，舟形の遷移構造をとることにより，メチル基は cis となる（いす形遷移構造の場合は出発物質に戻る）．

(c) 炭素原子のスプラ面型の [1,5] 移動により **A.13** が生成．炭素原子の立体化学は保持されるので，二つのメチル基は cis の関係である．次に [1,5]

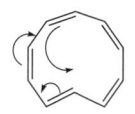

A.14

A.15

A.16

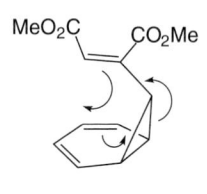

A.17

6.1 分子内エン反応により三重結合に水素が供給されるとともに五員環を有する化合物 **A.14** が生成．次に分子内逆エン反応により重水素が供給され，重水素を有するギ酸メチルが脱離する．すべてスプラ面型の反応である．

6.2 （上）まず，Claisen 転位によりアルデヒド **A.15** が生成．ついで側鎖の水素（H_a）が関与する，または五員環上の水素（H_b）が関与する 2 種類の分子内エン反応が起こる．
（下）Claisen 転位によるアルデヒドの生成，ついで Cope 転位．

6.3 **6.20**（132 ページ）に示したようなエン反応により，**6.35** からシクロプロパン環 **A.16** が生成．シクロプロパン環についたエチル基のメチレン水素が関与する逆エン反応（**6.24**, 133 ページを参照）により二置換アルケン **6.36** が生成．

6.4 (1) オクタテトラエン部の電子環状反応（同旋的閉環反応），置換基が *trans* の関係となるシクロオクタトリエンが生成，(2) ヘキサトリエン部の逆旋的な電子環状閉環反応（**4.47** → **4.48**, 96 ページを参照），(3) 分子内 Diels-Alder 反応．

6.5 (1) ヘキサトリエン部の電子環状反応（逆旋的閉環）によるノルカラジエンの生成，(2) アセチレンジカルボン酸ジメチルとノルカラジエンの Diels-Alder 反応により左側の化合物（26%）が生成．(1') シクロヘプタトリエンとアセチレン部とのエン反応，(2') 生じたヘキサトリエンの電子環状反応（逆旋的閉環）による置換ノルカラジエン誘導体 **A.17** の生成，(3') Cope 転位によりシクロプロパン環が開裂し，右側の化合物（12%）が生成．

水素移動が起こり，生成物となる．生じる二重結合は，炭素六員環についてエキソとはならない（六員環内に二重結合が存在する）ことに注意．

索 引

【あ】

Ireland−Claisen 転位（Ireland−Claisen rearrangement）120
アゾメチンイリド（azomethine ylides） 16, 28, 33, 90, 99
圧縮型遷移構造（compressed transition structure） 30
アリルアニオン（allyl anion） 15, 19, 21, 29, 88
アリルカチオン（allyl cation） 19, 20, 29, 88
Alder のエンド則（Alder's *endo* rule） 31, 73, 131
Alder のエン反応（Alder's ene reaction） 2, 8, 130〜133
アルドール反応（aldol reaction） 8
Arrhenius パラメータ（Arrhenius parameters） 47
アンタラ面型（antarafacial） 26, 61, 63, 71
アンタラ面型移動（antarafacial shift） 109
位置異性体（regioisomers） 34
位置選択性（regioselectivity） 18, 34〜36, 78〜83, 131
Wittig 転位（Wittig rearrangement） 122, 124
Woodward−Hoffmann 則（Woodward−Hoffmann rules）
　　　　60, 64, 67, 92, 93, 95, 116
エキシプレックス（exciplex） 51
エキソ型（*exo* mode） 31
エンド型（*endo* mode） 31
エンド則（*endo* rule） 31, 73, 131
エン反応（ene reaction） 2, 8, 130〜133
オキシ-Cope 転位（oxy-Cope rearrangement） 121
オゾン分解（ozonolysis） 5
オレフィンメタセシス（olefin metathesis） 70

【か】

回転選択性（torqueoselectivity） 93, 98, 101
カルベン（carbenes） 41, 71〜73
カルボメタル化（carbometallation） 70
環化付加反応（cycloadditions） 4, 11〜85
環状脱離反応（cycloelimination） 133
環状脱離反応（cycloreversion） 4
環状付加反応（cycloaddition） 4, 71
基底状態（ground state） 56, 58, 60, 95
軌道相関図（orbital correlation diagram） 55〜58, 94, 95
o-キノジメタン（*o*-quinodimethane） 15
逆エン反応（retro-ene reaction） 133
逆環化付加反応（retro-cycloaddition） 4, 15, 42, 65
逆グループ移動反応（retro-group transfer reaction） 8, 134
逆旋的（disrotatory） 91, 92
逆 Diels−Alder 反応（retro-Diels−Alder reaction） 14, 65
逆電子要請型（inverse electron demand） 14, 32, 74
協奏性に関する証拠（evidence for concertedness） 47〜49
協奏的（concerted） 81
共役系の分子軌道（molecular orbitals of conjugated systems）
　　──エネルギー（energies） 75
　　──の係数（coefficients） 78
許容反応（allowed reactions） 24, 97, 114
キレトロピー反応（cheletropic reaction） 5, 40〜42, 71
禁制反応（forbidden reactions） 24, 38, 56, 59, 97, 117
Claisen 転位（Claisen rearrangement） 6, 119
Curtius 転位（Curtius rearrangement） 116
グループ移動反応（group transfer reactions） 8, 129〜134
ケテン（ketenes） 40, 69
光化学反応（photochemical reactions）
　　　　25, 51, 67, 103〜105, 113, 119
Conia 反応（Conia reaction） 132
Cope 脱離反応（Cope elimination） 134
Cope 転位（Cope rearrangement） 119

【さ】

ジイミド (diimide)	9, 15, 129
シグマトロピー転位 (sigmatropic rearrangements)	6, 109～127
シクロブタンの生成 (cyclobutane formation)	39
シクロブテンの開環 (cyclobutene opening)	93～95
シクロプロピルアニオン (cyclopropyl anion)	88
シクロプロピルカチオン (cyclopropyl cation)	88
状態相関図 (state correlation diagram)	56
親エン体 (enophile)	8, 130
親ジエン体 (dienophile)	5, 11, 12
親双極子体 (dipolarophile)	15
伸長型遷移構造 (extended transition structure)	30
水素移動 (hydrogen shift)	7, 109～111, 113
Stevens 転位 (Stevens rearrangement)	117
スプラ面型 (suprafacial)	26, 61, 63, 65, 71
スプラ面型移動 (suprafacial shift)	109
Smirnov–Zamkov 反応 (Smirnov–Zamkov reaction)	40, 70
摂動 (perturbation)	53
遷移構造 (transition structure)	64, 69, 73, 80
遷移構造の非対称性 (asymmetry in a transition structure)	80
相関図 (correlation diagrams)	52～60, 94
1,3-双極環化付加反応 (1,3-dipolar cycloadditions)	4, 15～18, 28～30, 32
1,3-双極環状脱離 (1,3-dipolar cycloreversion)	5
双極子 (dipole)	15, 16
双性イオン型中間体 (zwitterionic intermediate)	38

【た】

第一励起状態 (first excited state)	25, 59
対称許容 (symmetry-allowed)	60, 61, 68, 113, 115
対称禁制 (symmetry-forbidden)	68, 113, 117
対称性に由来する反応障壁 (symmetry-imposed barrier)	60, 95
対称要素 (symmetry elements)	52～54
段階的反応 (stepwise reactions)	37, 40, 80, 117
置換基効果 (substituent effects)	75～78, 121, 131
Chugaev 反応 (Chugaev reaction)	133
Diels–Alder 反応 (Diels–Alder reaction)	2, 4, 11～15, 26～28, 31, 47～49, 53～56, 61～64, 75～82
電子環状反応 (electrocyclic reactions)	6, 87～107
電子求引性基 (electron-withdrawing group)	12, 78, 130
電子供与性基 (electron-donating group)	12, 13, 78, 130
電子励起エネルギー (electronic excitation energy)	59
同位体効果 (isotope effects)	48, 129
同時的 (synchronous)	81
同旋的 (conrotatory)	91, 92

【な】

Nazarov 環化反応 (Nazarov cyclization)	101
二次軌道相互作用 (secondary orbital interactions)	74
二次的効果 (secondary effects)	73～83
熱分解 (pyrolysis)	4, 14, 133
熱力学 (thermodynamics)	6, 14, 31, 87, 95, 102

【は】

s-cis 配座 (s-cis conformation)	13, 14, 20
s-trans 配座 (s-trans conformation)	13, 14, 39
Baeyer–Villiger 反応 (Baeyer–Villiger reaction)	116
半占軌道 (half-occupied orbital)	59
反応成分 (components)	11, 61, 87, 93, 109
非交差則 (non-crossing rule)	59
被占軌道 (occupied orbital)	59
非同時的 (asynchronous)	37, 81
ヒドロホウ素化 (hydroboration)	70
ヒドロメタル化反応 (hydrometallation)	70
ビニルカチオン (vinyl cation)	70
Favorskii 転位 (Favorskii rearrangement)	90
Fischer のインドール合成 (Fischer indole synthesis)	120
Prins 反応 (Prins reaction)	132
フロンティア軌道 (frontier orbitals)	50～52, 70, 73～83, 93

フロンティア軌道理論(frontier orbital theory)	52, 70, 73, 93, 95		
分子軌道論(molecular orbital theory)	49		
分子内反応(intramolecular reactions)	36, 131		
ヘキサトリエンの閉環(hexatriene closing)	95		
Beckmann 転位(Beckmann rearrangement)	116		
ヘテロ Diels–Alder 反応(hetero-Diels–Alder reaction)	14		
ヘプタトリエニルアニオン(heptatrienyl anion)	88		
ヘプタトリエニルカチオン(heptatrienyl cation)	88		
ペリ環状反応(pericyclic reactions)	2		
ペリ選択性(periselectivity)	126		
ベンジジン転位(benzidine rearrangement)	122		
ペンタジエニルアニオン(pentadienyl anion)	88, 101		
ペンタジエニルカチオン(pentadienyl cation)	19, 21, 66, 88, 100		
芳香族型遷移状態(aromatic transition state)	23, 49		
Baldwin 則(Baldwin's rules)	100		

【ま】

Mislow 転位(Mislow rearrangement)	7, 124
メタラエン反応(metalla-ene reaction)	8
メタロメタル化(metallometallation)	70
Möbius 芳香族性(Möbius aromaticity)	50

【や】

溶媒効果(solvent effects)	47

【ら】

立体化学(stereochemistry)	
エン反応の(of ene reactions)	131
環化付加反応の(of cycloadditions)	26〜33
[1, n]シグマトロピー転位の(of [1, n] sigmatropic rearrangement)	109
[m, n]シグマトロピー転位の(of [m, n] sigmatropic rearrangement)	119
電子環状反応の(of electrocyclic reactions)	91
立体選択性(stereoselectivity)	73, 74
立体特異性(stereospecificity)	28, 41, 93
立体配置の反転(inversion of configuration)	113
Lewis 酸触媒(Lewis acid catalysis)	78, 131
励起状態(excited state)	51
レトロ環化付加反応(retro-cycloaddition)	
→ 逆環化付加反応	
Lossen 転位(Lossen rearrangement)	116

【わ】

Wagner–Meerwein 転位(Wagner–Meerwein rearrangement)	116

訳者略歴

鈴木 啓介（すずき けいすけ）
1954年　神奈川県に生まれる
1983年　東京大学大学院理学系研究科博士課程修了
現　在　東京工業大学大学院理工学研究科化学専攻教授
専　攻　有機合成化学
理学博士

千田 憲孝（ちだ のりたか）
1956年　宮城県に生まれる
1984年　東北大学大学院理学研究科博士課程修了
現　在　慶應義塾大学理工学部応用化学科教授
専　攻　有機合成化学
理学博士

| 第1版　第1刷　2002年6月30日 |
| 第9刷　2023年4月10日 |

検印廃止

JCOPY 〈出版者著作権管理機構委託出版物〉

本書の無断複写は著作権法上での例外を除き禁じられています．複写される場合は，そのつど事前に，出版者著作権管理機構（電話 03-5244-5088, FAX 03-5244-5089, e-mail: info@jcopy.or.jp）の許諾を得てください．

本書のコピー，スキャン，デジタル化などの無断複製は著作権法上での例外を除き禁じられています．本書を代行業者などの第三者に依頼してスキャンやデジタル化することは，たとえ個人や家庭内の利用でも著作権法違反です．

乱丁・落丁本は送料小社負担にてお取りかえします．

Printed in Japan　© Keisuke Suzuki, Noritaka Chida　2002
無断転載・複製を禁ず

ペリ環状反応
―― 第三の有機反応機構 ――

訳　者　鈴木　啓介
　　　　千田　憲孝
発行者　曽根　良介
発行所　㈱化学同人
〒600-8074 京都市下京区仏光寺通柳馬場西入ル
編集部　Tel 075-352-3711　Fax 075-352-0371
営業部　Tel 075-352-3373　Fax 075-351-8301
　　　　振替　01010-7-5702
e-mail webmaster@kagakudojin.co.jp
URL https://www.kagakudojin.co.jp

印　刷　創栄図書印刷㈱
製　本

ISBN 978-4-7598-0875-9